Rich致富 345

億萬商機人造肉

從培養皿到餐桌，席捲全球的未來飲食新革命！

Billion Dollar Burger

Inside Big Tech's Race For The Future Of Food

Chase Purdy
蔡斯．帕迪——著
曾倚華——譯

高寶書版集團

致我的母親

序章　007
第一章　吃吃看吧　013
第二章　廚房教父　031
第三章　分子奇蹟　043
第四章　荷蘭夢　065
第五章　阿姆斯特丹大恐慌　075
第六章　不受拘束　087
第七章　戰爭的藝術　107
第八章　迷路的小狗　117

目錄

Contents

第九章 百家爭鳴 137

第十章 野獸的肚腹 165

第十一章 食物大戰 185

第十二章 海外發展 215

第十三章 密不可分的連結 223

第十四章 準備上菜 253

致謝 277

備注 283

在整本書中，我將使用「細胞培養肉」或「培養肉」這兩個詞，它們是科學上對於這種產品製造過程的精確描述。截至目前為止，科學家、企業家和監管機構尚未定義出專屬的名稱。

序章

雖然很少見，有時候最好的解決方法，往往是最微小的事。

「在座的所有人都屏住了呼吸，迫不及待想知道下面有什麼。」英國的一位電視主持人尼娜·胡珊（Nina Hossain）說道。那是二〇一三年八月。她正和四個來賓一起坐在明亮的舞臺上。接著，她轉向坐在左手邊、從中歐飛來倫敦的馬克·波斯特（Mark Post）博士。他緊盯著擺在他面前的大桌子，桌上放著一個罩著銀色半圓形蓋子的銀色托盤。「所以，我們有這個榮幸請你拿起蓋子，並揭開你的發明嗎？」

能不能把這個概念從幻想變成現實，就看這關鍵時刻了。也許，某個有錢人會看見它。

「嗯，我們需要的，就是錢。」稍後，波斯特團隊中的一位科學家會這麼說。「我不在乎是誰，比爾．蓋茲或保羅．麥卡尼，誰都好，我們需要有人看見，真正看見，這個過程的背後包含的是一整個未來。」

波斯特伸出手，拿起蓋子。滿屋子的攝影機全部聚焦在一個培養皿上，裡頭盛滿了粉紅色的牛絞肉。不過，這不是普通的牛肉。這一小團牛肉來自波斯特的實驗室，是由一頭活著的母牛身上搜集的微觀細胞培養而成的，這頭母牛還活著，無須為了波斯特的漢堡排而被宰殺。這一小塊五盎司的漢堡排，製作成本為三十三萬美元。

接著，廚師理查．麥吉恩（Richard McGeown）在現場料理漢堡排。食品科學家漢妮．魯茲勒（Hanni Ruetzler）和美食寫手喬許．謝瓦德（Josh Schonwald）坐在波斯特旁邊，伸長脖子看著漢堡排在灼熱的煎鍋中滋滋作響。不久之後，麥吉恩將煎好的漢堡排搭配一片生菜、一個漢堡麵包和幾片番茄一同端上桌。

魯茲勒切下一塊漢堡排。她用叉子叉起肉塊，拿到面前，好嗅嗅它的氣味並仔細檢視，然後把肉放進嘴裡，細嚼慢嚥。

「我本來以為它的紋理會再軟一點。」她說。「有一股很強烈的味道。它吃起來跟肉很像，但不像肉那麼多汁。它的軟硬度非常完美，但我想要加點鹽和胡椒。」

謝瓦德也跟進。

「口感很像肉。」他說。「可惜沒有脂肪，這就是一塊瘦肉。但整體口感吃起來確實很像漢堡排。」

英國廣播公司、《紐約時報》、《電訊報》和美國全國公共廣播電臺都報導了這則消息，並在推特和Reddit論壇上引起軒然大波。面對氣候變化，人們對動物福利、抗生素耐藥性和全球飢餓問題的擔憂日益增加。也許，只是也許，我們透過某樣微小事物，就能在重塑畜牧業的過程中踏出一大步，該產業占據全球人為溫室氣體排放量的14%，每年約有六百五十億隻動物遭到屠殺，還不包括魚類。

馬克・波斯特成功地展示了自己的研發後便收拾行裝飛回荷蘭。他回到馬城大學的實驗室繼續工作，並悄悄地將這個昂貴的小漢堡排推進了下一個階段。

然後就什麼都沒有了。一片寂靜。

幾年過去了，沒有任何人聽見更多細胞培養肉品（cell-cultured meat）的消息。同時，民眾開始接觸到由Beyond Meat和Impossible Foods等公司製造的高科技植物漢堡排，這種仿造的肉品在進入超市時，便直接打敗了黑豆製成的素食肉排。接著，植物漢堡排開始進軍高級餐廳，例如名廚張大衛開在紐約卻爾西高級社區的Momofuku Nishi，最後甚至開始與漢堡王這類普遍的速食連鎖店合作。

但是，科技並沒有就此停止。慢慢地，培養肉開始進入大眾的意識中。波斯特成立了自己的公司，並將其命名為Mosa Meat。二〇一五年，烏瑪・瓦萊蒂（Uma Valeti）仿效他，創立了位於美國灣區的Memphis Meats；羽生雄毅創立了總部位於東京的IntegriCulture；艾多・薩維爾（Ido Savir）創立了以色列的SuperMeat。一年後，Finless Foods、Eat Just（本書簡稱為JUST）和Aleph Farms紛紛宣布成立自己的實驗室。再過一年，Mission Barns和Future Meat Technologies也跟上了他們的腳步。慢慢地，這些實驗室開始流出新聞報導和照片，向世人展示雞柳條、藍鰭鮪魚、漢堡排、鴨肝醬、牛排和雞塊。這些公司所收到的資金也逐年增加。打從二〇一五年以來，風險資本家和現有食品巨頭們針對細胞培養肉品的投資已經超過一億美元，且交易數量和規模都還在攀升中。

這些新創公司受到投資人和尋求顛覆破兆美元肉品市場的億萬富翁們的鼓舞，正在進行一場食物版的太空競賽，設法成為最先將細胞培養肉推向市場的公司。這是個複雜的問題。首先，他們需要想辦法以合理的成本拓展細胞培養技術。二〇一三年，一磅細胞培養肉的價格為每磅一百二十萬美元；現在，由於技術專家將科技推向了一個新高度，使得成本急劇下降，一磅的價格落在每磅五十美元左右。此外，他們也需要在肉品市場錯綜複雜的供需法則中開創出一條道路。要與那種經濟實力對抗，即使是資金最雄厚的新創公司，也顯得微不足道。

但是，其中一家公司宣稱會比其他人先抵達終點。喬許・泰翠克（Josh Tetrick）是一名純素主義者，也是舊金山JUST食品公司的執行長。他的目標是重整世人的眼光，使人們開始去思考吃進嘴裡之肉品的來源及製造方式。而他在競爭者中擁有一大優勢，那就是只有他懂得如何經營食品公司。自二〇一一年以來，他成功推出了一系列商品，包括純素調味品、純素餅乾麵團，以及一種大受好評、由綠豆製成的液態蛋替代品。這些產品已經被全球各地的商店和飯店所採用。他早已連結起食品供應鏈的上下游，也知道要如何更輕鬆地將這種未來食品推向市場，使它們與我們所熟知的傳統肉類並駕齊驅。同時，他正在大力投資細胞培養肉背後的技術，並在公司內成立了實驗室，那裡有十幾位科學家，每位都是這個新領域的專家。

科技很複雜。這個一兆八千億美元的肉品市場非常競爭，風險也很高。如果他搞砸了，很可能會打亂拯救全球氣候危機最有希望的解決方案；如果他成功了，將會是一場革命的開端。

第一章　吃吃看吧

我把筆和筆記本推到一旁。這是二〇一八年一個晴朗的午後。我把鐵椅挪到JUST令人印象深刻的食品實驗室裡的一張桌子邊，環顧四周。我等著要一飽眼福的東西，據說是會引爆料理界變革的一把火藥，很多人討論過，但幾乎沒人見過，更別提吃過。

這間公司的總部位於舊金山傳教區的中心，座落在十六街與佛森街的路口，兩層樓高，占地九萬八千平方英尺，全都隱身在厚厚的粉米色牆壁中，這裡曾是約瑟夫·施密特糖果巧克力工廠，後來又成為迪士尼皮克斯工作室的所在地。JUST則把這棟建築物的食品與技術背景結合了起來。這裡每天會有超過一百個員工來上班。大門的磨砂玻璃上覆蓋著過往留下的污漬，門框則是已經暗淡的金色。入口處前方是一座黑色樓梯，走過鋪著地毯的走廊，經過一間公司休息室（裡頭當然擺滿了酪梨和氣泡水）後，就會來到公司的神經中樞。這裡的地板是由光滑的水泥鋪成，牆壁則漆成白色，幾十張長長的木桌擺在房間中央，沐浴在高高的落地窗所灑進的陽光之中。

在我周圍，科學家團隊正在使用昂貴的實驗設備，深入研究植物的內在生命，探索使它們與眾不同的微小細胞，好弄清楚如何將它們運用來製造新型食品。哪些植物蛋白可以用作乳化劑？哪些可以承受火爐的溫度？在實驗室的一個角落，有六隻機械手臂坐落在巨大的透明盒子裡，其中幾隻正來回旋轉與分析著各種食物，以及測試與分類JUST從全世界各地收集來的植物各個部位，希望它們能被證明是有用處的。

在房間中央，距離我坐的位置不遠處有幾張沙發，上頭趴了一隻狗，這間公司裡隨時都有狗在裡頭悠哉閒晃。如果要說JUST有什麼事是百分之百確定的，那就是你永遠都能在這裡看見狗。

對於我遠道而來準備品嚐的這種食物，我當然早就有所耳聞。五年前，馬克・波斯特才剛向世人介紹了他的漢堡排。在這些年間，要在網路上找到初階細胞培養肉品的圖片並不難，但就算我是一位負責報導全球肉品工業的記者，也從來沒有機會親眼見到它的真面目，更別提真正放進嘴裡了。

當它被端上桌時，它躺在一個小小的白色盤子上，四周很藝術地妝點著烤過的天然酵母麵包和一小枝令人分心的綠色枝葉。一位實驗室技術人員將盤子放在我面前，我暫時把它擺在那裡，沒有任何動作。

「去過太空的人比吃過這種純淨肉品（clean meat）的人還多呢。」他告訴我。現在，已經有超過五百人去過太空了，卻只有幾十個人敢說自己吃過從動物細胞培養出來的肉，而我正準備成為那少數人中的一員。

我一邊好奇地盯著我的餐點，一邊在心中對自己重述這句話。

「去過太空的人比這還多。去過太空的人比這還多。……比這還多。」

我拿起一片麵包還有一把小餐刀，並將它放進我們今天的重頭戲裡：一團淺金黃色糊狀物。我是在肯塔基州路易斯維爾長大的，那時餐桌上從沒出現過肉醬，我也從未嚐過。

我準備好了嗎？我思索著，一邊將肉醬抹在麵包上。在這一刻之前，我大概跟你一樣，吃過的所有肉類都源於曾經有知覺的生物。

這盤特別的食物是從鴨子細胞培養出來的。許多細胞培養肉公司都選擇從鳥類開始嘗試。鳥類的細胞在培養環境中通常發育得比哺乳類的更好。首先，因為它們的可塑性比較好，更容易處理並調整成想要的樣子。哺乳類動物的細胞較難誘導，而且作為起源的動物必須要很年輕，因為牠們擁有更健康的肌肉幹細胞。另一方面，科學家們發現，有時就算是比較老的鳥，牠們的肌肉幹細胞在實驗室環境中還是能有效地增殖。

我把麵包拿到嘴邊，然後咬了一口，咀嚼了一下，細細品嚐（並下評語）——肉醬滑順的口感以及豐富的尾韻。我的眼、口、鼻本能地將我吃進嘴裡的東西判斷為肉，但在我腦中嗡嗡作響的神經只有一個想法：細胞！

一名穿著乳白色實驗袍的男子走到桌邊，仔細地觀察我的反應，他是專業廚師，被聘任為產品工程師。他的名字叫湯瑪士·鮑曼（Thomas Bowman），擁有米其林認證，當時是JUST實驗廚房中產品開發的領導者。長話短說，他會用公司細胞培養肉實驗室所生產的肉品在廚房進行測試，好為真正可能料理這種肉品的消費者提供示範。

我傾身向前，拿起另一片麵包，塗上更多肉醬。在我咀嚼時，腦海中展開了一場冷硬邏輯與細膩情感的拉鋸戰。當然，我們吃下肚的一切，我們剝開的香蕉、我們醃製的牛排、我們燉煮的馬鈴薯，追根究柢也只是一堆細胞。但不知為何，此時此刻我正在吞嚥的東西卻感覺十分陌生。擺在我眼前的這盤肉醬，是經過了幾十年的科技碰撞所產生出來的結果，是科幻小說裡才會出現的主題，更是科學家與行動主義分子眼中的夢幻產品：不是從被折磨的鴨子身上取出肝臟製成的，而是來自矽谷某間實驗室的肝醬。

這很不真實，但也很誘人。接下來的幾年中，我將發現那團塗在麵包上的細胞集合體，其實代表了某種更宏大、更能影響全世界的事物：它是不斷發展的食品改革運動的序曲，期盼能為現代食品體系中許多不道德的問題，提供更符合道德的解決方案。透過採集動物細胞並讓它們在工廠的生物反應器中長成脂肪和肌肉組織，人類已經知道要如何製造出過去五十萬年間被我們吞下肚的肉品了。

科學家希望這麼做能使我們避免每年屠殺數十億隻動物，理論上也能及時取代工業化農業系統，這個系統每年都往地球的大氣中排放分量驚人的溫室氣體。科學家認為畜牧業大約占了人為溫室氣體排放量的14％。

想要完全搞懂我們熟悉的畜牧業系統非常困難。許多科學家試著去測量畜牧業所產生的環境足跡，但幾乎所有人都遭遇了極其嚴重的批判，挑戰他們的測量方法與動機。科學家是測量其中一種動物的生命循環，再把這些數據擴大來代表整個族群嗎？他們把用來培育、管理和運送飼養牛、豬和雞的飼料的能源算進去了嗎？砍伐森林來放牧又怎麼算？肥料中一氧化二氮對水污染的長期影響呢？

這些製作細胞培養肉的人們知道，他們若提出這些觀點，就能想辦法降低這些消耗，以抵抗地球逐漸惡化的氣候危機——這個無疑將重塑人類生活空間與模式的危機。

二〇〇六年時，聯合國糧食及農業組織（FAO）發表了一篇里程碑報告，估計畜牧業占了溫室氣體總排放量約18％，比遍及全球製造廢氣的汽車、輪船、火車和飛機還多。報告指出，全球與人類有關的二氧化碳排放量中，有9％與畜牧業息息相關，其製造的甲烷排放量占37％，一氧化二氮排放量占65％（主要來自於牛糞）。

這份報告引起大量關注，並使一群人，包括行動主義分子與企業家開始採取行動。這並非完全沒有爭議，但從那時起，科學家們也有了更深入的發現。

其中最受關注的是牛肉和乳製品業，因為它們分別占畜牧業中溫室氣體排放量的41％和20％。與之相比，豬肉工業產生約9％的排放量，而肉雞和蛋類工業總計約占8％。牛確實製造了更多損害，因為牠們的消化過程要經過四個胃的發酵，會製造出非常多的甲烷。甲烷一但釋放到大氣當中，其製造溫室效應的強度是碳的二十倍左右。

一隻一千兩百磅的牛每年會製造出多少甲烷，這完全得視牠吃下肚的食物而定，但科學家通常會抓大約一百公斤的甲烷，差不多是一輛車燃燒了超過兩百三十加侖（約八百七十公升）汽油所產生的量。

突然之間，找到替代方案去生產真實肉品的展望變得更吸引人了。

再來是畜牧業本身會造成的浪費。想要生產一磅的牛肉，大約會消耗六磅動物飼料，一磅的豬肉要三點五磅飼料；一磅的雞肉則需兩磅飼料。畜牧業非常仰賴植物性蛋白質，因此人們種植一片又一片的玉米田和黃豆田，只用來餵養會被殺掉的動物，並產出比牠們吃進的植物更少量的食物。當然，植物性和動物性蛋白質的營養素不盡相同，但這些數字證明了減少消耗肉類才能成為這個星球更好的管家，尤其是專家們預估，全球需要養活的人口數量仍在持續攀升——到了二〇五〇年預計會達到一百億。

環境永續發展是一個強而有力的原因，足以令人們認真考慮放棄吃肉，但還有其他理由，例如動物福利。養雞和養豬的農場變得越來越大、越來越不透明，而不是變得更小、更透明。根據美國農業部（USDA）所搜集的資料顯示，美國的農場數量從一九三五年的六百八十萬座，減少至二〇一六年的不到兩百零六萬座，數字下降了差不多70%，這都要歸因於多到數不清的收購案，導致家庭農場逐漸消失。資料還顯示，美國的乳牛群在過去九十年間縮減了60%，但根據美國國家農業統計局（NASS）的數據，這是因為人類發現了要如何從每一頭牛身上壓榨出四倍的乳脂。另外，漁業仍然是世界上最黑暗的產業，幾乎沒有受到任何監管。我們已經耗盡了全球魚種的龐大存量（據估計，我們每年殺死一兆條魚類）；同時，漁業也十分依賴奴隸的勞動力。

鮑曼在我面前放下另一個盤子，這次盛裝的是比較眼熟食物：塔可餅。在我眼前有兩片塔可餅，上面放著香菜和郵票大小的鴨肉香腸。它和剛才的肉醬是從同一批細胞中生長出來的。我歪著頭，凝視著桌面上的盤子，扮演起稽查員的角色，好像我真的會發現哪裡不對勁一樣。我想像著自己將手指指向空中說：「看起來夠好了，但是這些肉看起來有點像橡皮。」

我當然沒有這麼做。任何餐廳要是上了這道菜給我，我絕對不會有所懷疑。經過調味的香腸味道和口感都跟預期的差不多。JUST位於歷史悠久的拉丁裔傳教區，街道上有無數個塔可攤，而這道塔可餅的滋味，就和小販賣的一樣濕潤且香味濃郁。以生物的角度來說，我這份實驗室生產的塔可餅，也確實和外面賣的是同一種東西。

我們準備好了嗎？我思索著。

喬許・泰翠克是個會讓人不得不停下來思考的人。他身上隱隱帶著不安，這使得人們對他感到既好奇又困惑，而這氛圍也渲染到他的工作上。

二〇一一年十二月，他和自己小時候最好的朋友，也是純素主義者的喬許·巴克（Josh Balk）一起創了一間公司。當時這間公司還叫做Hampton Creek（後來品牌重新命名，改成了現在使用的JUST），而且只有一個簡單的目標：他們要開發能夠說服大眾的植物性液態蛋來顛覆雞蛋產業。

泰翠克最終花了比預計更久的時間才調配出這個產品的配方，但在這段期間裡，他透過創造一系列純素調味品和餅乾麵團，成功地為自己和公司打響了知名度，這些產品如今可以在全球某些最大的超市裡買到。這也因此讓一家曾經在自家車庫外經營的公司，成為矽谷第一家（也是少數幾家）食品技術獨角獸，估值超過十億美元。

調味品、蛋替代品、餅乾麵團為JUST取得了資本，但這些在泰翠克口中根深蒂固、持續惡化，且完全奠基在虐待動物上的食物經濟只占了冰山一角。因此，他在公司成立三年後，儘管歷經了動盪，仍宣布他要加入製造實驗室培養肉的全球競賽，還要成為第一個向大眾展示這種產品並引進市場的公司。

這也是我來到他加州實驗室的原因，我想更了解他的工作與動機，以及這種新食物會對飲食文化造成的影響。

泰翠克經常坐在主要工作室的中央。他很少坐在辦公桌前，而是選擇陷在房間的幾張沙發中。他的黃金獵犬艾利，以美國羅馬尼亞猶太作家艾利・維塞爾（Elie Wiesel）為名，是一隻忠心耿耿的狗，通常會躺在他的腳邊。當泰翠克在實驗室區域之間移動時，艾利總是忠誠而順從地跟在旁邊。

如果不是他高大的體魄，泰翠克一頭亂糟糟的頭髮和尖銳的鼻子，大概會讓他看起來像隻小麻雀。曾經是運動員的他肌肉發達，身高幾乎180公分，體態維持得很好，就跟他高中和大學時期還在打美式足球的樣子差不多。他和同行的競爭對手不一樣，完全沒有科技背景，也沒有營養學、商業、管理的學位或相關經驗。實際上，他是一位受過訓練的律師，內心還是一位行動主義者，跟我心中預設會帶領公司將食品科技推上全新高度，同時瘋狂地想方設法要擊垮現代肉品產業的人有點出入。從很多角度來說，他都不像是這個生態圈裡的一員。直至今日，如果你向矽谷食品科技圈裡的投資人和企業家提起「泰翠克」，他們多半還是會翻個白眼並發出嘆息聲。

他是一位缺乏科學背景的行銷專家，卻以某種方式找到了自己在食品界相對較小的領域中的一席之地。即使對最嚴厲的評論家來說，他的成功也是不可否認的。此外，還有件事是肯定的——他真的很會說話。

「我覺得用最簡單的話來講，食物糟透了。」泰翠克對我說。這句話說的又快又自信，他顯然曾向別人發表過這番獨白。

「食物糟透了，因為我們傷害了動物，傷害了環境，也傷害了我們的身體。所以我們正在努力找出一個方法，讓食物不要這麼糟糕。這代表，我們要把動物從整個等式中拿掉。」

儘管泰翠克聽起來很極端，許多業界的內部人士也開始同意他的看法了。在二〇一九年九月舉行的聯合國氣候變化大會上，世界最大的食品製造公司達能（Danone）的董事長兼執行長范易謀（Emmanuel Faber）就說了一句幾乎不可能從食品工業巨頭口中聽到的話。

「我們過去一個世紀打造出來的食物系統，對未來而言是一條死路。」他說。

真正鼓舞人心的是，近年來食品公司的格局，已經被一大批新成立的新創企業取代，其中許多公司都在努力打破現狀，並在過程中吸引消費者的關注。

特別是美國的市場，人們已經開始逐漸熟悉植物性替代食品了。Beyond Meat 和 Impossible Foods 目前在肉類替代品市場上遙遙領先。不過他們也承受了一些質疑。從營養學的角度來看，這些產品的健康性是有疑慮的。舉例來說，一塊 Impossible Foods 漢堡排的鈉含量，就包含了一個人每日所需的16%，而傳統漢堡排大約只有1%。

我目前最感興趣的食物，這種泰翠克從細胞培養出來的食物，比起這些植物性替代品更吸引人。細胞培養肉能夠提供相同的營養素，還對地球有益。細胞培育食品或許會大大地突破肉品的局限，最終出現許多我們做夢都沒有想過的新型態食物。比方說，Clara Foods 正在製造一種不需要雞也能產生的蛋白；Perfect Day 製造了微小的酵母分子，可以製造出以前只能從牛奶中獲得的酪蛋白和乳清蛋白；位於柏克萊 Wild Earth 甚至嘗試用細胞培養鼠肉來養貓，這還只是食品技術領域中的少數新創公司而已。

某些該領域的科學家表示，就像以前的農業和工業革命一樣，細胞農業是生產食物的下一個革命。而且我們不難想像，這樣的發展會衍生出許多新產品，就像當初的發酵技術為我們開啟了通往起司、優格和啤酒的大門一樣。

有九間這樣的細胞培養肉公司引起了我的好奇，他們都在細胞培養肉類和魚類，而且每家公司都參與了這場研發競賽，想要搶先將這些產品引進市場。其中，有四間在矽谷，三間在以色列，一間在荷蘭，一間在日本。

巨額的資金、極具影響力的億萬富翁的關注，再加上某些全球食品業巨頭的幫助，這些新創公司在過去十年間有了長足的進展。他們已將這項技術發展了起來，讓科幻小說的產物變成可食用的產品，而且正迅速朝能夠商業化的方向前進。泰翠克在二〇一九年十月表示，JUST純細胞培養雞塊的成本已降至每塊五十美元，也就是每磅一千美元。這數字乍看之下也許十分可笑，但考慮到六年前，細胞培養肉的價格還高達每磅一百二十萬美元，你就能了解這些公司降低成本的速度有多快了。儘管整個領域中的其他公司仍與泰翠克在技術上競爭，但他擁有的優勢是其他同行所沒有的。大多數的競爭者仍然停留在實驗室的階段，他卻已經是一家正式營運之食品公司的執行長，與世界各地的零售商和供應鏈有著實質的關係。這無疑會在JUST的細胞培養肉得以問世時，為其帶來很大的優勢。

事實上，這個概念已經存在於科學界好幾十年了。許多幕後的推手談到自己在做的工作時，都會引用英國前首相溫斯頓．邱吉爾的話。一九三二年三月，邱吉爾為《大眾機械》雜誌撰寫了一篇文章，他用樂觀的態度提到：「五十年後，我們也許可以從為了吃雞胸或雞翅而養整隻雞的荒唐中解脫，改由透過合適的介質來單獨培育這些部位。」

幾十年來，人類都沒有做到這一點，但邱吉爾的願望終於快實現了。根據這些拚命將新食品變成現實的創業投資者、執行長、行動主義者的說法，細胞培養肉品出現得算慢了。

新興的食物科技業希望自己能成為這個全球議題的解答。因此，這一小批新成立的食品公司，包括JUST在內，代表的是一場價值極高卻不張揚的運動，帶著大原則性的急迫感進入了我們的生活。致力於細胞培養肉的公司經常引用牛津大學一份二〇一一年的研究報告中所提出的推測性數據，該報告宣稱其製造過程和畜牧業現有的肉品與乳製品製程相比，少消耗45%能源、少生產96%溫室氣體、少用99%土地與96%水。事實上，沒人知道這種技術對環境的友好程度究竟占了多少百分比，但是整體來說，這確實會為地球帶來巨大的改變，很少人會質疑這點。

目前，人類每年在肉製品上的花費約為七千五百億美元，乳製品也有約三千三百億美元。這當中可以切入的市場非常大。荷蘭合作銀行（Rabobank，全球糧食和農業融資的領頭羊）的金融分析師就表示，就算他們只搶到5%的市場，都代表現有體系會遭遇重大打擊。

然而，龐大的全球肉品工業並沒有冷眼旁觀，也不太樂意為新進入市場的競爭者騰出任何空間。在美國，牛肉產業正奮力抵抗矽谷這群高瞻遠矚的科學家。在華盛頓特區，就有強硬的畜牧業者遊說團體，以及代表豬肉和雞肉產業的人士，紛紛透過其強大的影響力，來確保他們對細胞培養肉類進行監督的權力，這當中多數成員都將細胞培養肉稱為「假肉」，把它貶得一文不值。

一開始，讓細胞培養肉品無法進入市場的限制是科技。製作培養肉的成本真的太高，科技也無法製造出能與傳統肉類匹敵的產品。但隨著新創公司精進自己的技術，產品品質也得到了改善，進軍市場的最大障礙改變了。現在，難以掌控的局面才是阻止泰翠克這類人將細胞培養肉推廣至全球市場，並出現在消費者面前最大的阻礙。

我低頭看著眼前的盤子，只剩一片香菜葉孤零零地躺在那。當我從實驗餐桌旁站起身時，我腦中浮現了一個念頭：現在是二〇一八年的秋天，一個名叫喬許的男人，一位阿拉巴馬州出生、費城長大的純素主義者，有著一頭亂髮和如鷹般銳利的雙眼，相信自己有能力改變大眾所熟悉的飲食文化。他不穿西裝，也不打算當個好人。他一直都在策劃一件事，將要帶他飛過半個地球，並端出一件直到目前為止都還是不可能的事。他決定挺身對抗這個不願分享市場的固執產業，以及發展了數千年的飲食習慣。此時此刻，我腦中只有一個尖銳但也許最有人味的疑問。

他準備好了嗎？

第二章　廚房教父

威廉．吉布森在他一九八四年的小說《神經喚術士》中，寫下了這麼一個場景：其中一個未來機器人茉莉，毫不客氣地從別人的盤子上搶走了一塊傳統生產的牛排。

「給我啦。」她一邊說一邊把盤子端走。「你知道這有多貴嗎？他們得花好幾年養大一隻動物，然後殺了牠耶。這可不是大量生產的東西。」

瑪格麗特．愛特伍二〇〇三年出版的作品《末世男女》裡，也向讀者介紹了一種令人毛骨悚然的未來食物——雞肉球（Chickie Nob），一隻經過改造、沒有頭也沒有喙的活雞，一種被設計成可以同時長出二十塊雞胸肉的可怕鳥類生物。

只有時間才能揭曉吉布森或愛特伍作品中的科幻場景，到底和這些細胞培養肉公司實際端上檯面的東西一不一樣。不過，所謂「大量生產的東西」其實和這些年輕的新創公司認真想要推入市場的產品相去不遠了。

大家很容易會認為細胞培養肉這種科幻小說中的產物，是一群躲在小小的矽谷共用辦公室中、穿著連帽外套的男子們所開發出來的。但實際上，這種培養肉問世所需要的技術背景，早已醞釀了好幾十年，甚至在愛特伍和吉布森寫出這些故事前就有了。

這項運動的核心是一個大人物，名叫威廉．范．艾倫（Willem van Eelen）。儘管他在二〇一五年辭世，但這位荷蘭企業家及醫生，仍被在這領域工作的科學家視為細胞培養肉的教父，他在科學界內不斷挑戰且堅持不懈地（有時甚至會激烈地）試圖說服人們認真看待這個想法。他的固執有個非常私人的原因。在他年紀還很小、離家數千英里遠時，許多絕望的時刻深深影響了他的世界觀。

范．艾倫是個非常務實的人。他製作細胞培養肉的核心目標，是為了解決飢餓問題。某方面來說，這個概念充滿了荷蘭色彩，而這並不令人意外，畢竟在幾百年前，就是荷蘭人有那個決心以及才智與大自然對抗，建立起一套提防與運河系統，才防止了洪水氾濫。荷蘭人與大自然對抗是史上有名的，而范．艾倫的大半生也在這麼做。

一九二三年七月四號，威廉．范．艾倫在荷屬印尼殖民地出生，雙親是一對與眾不同的僑民加拉德與卡洛琳．范．艾倫。卡洛琳是極具天賦的鋼琴家，有時會舉辦演奏會，加拉德則是路德教派的傳教士，曾在印尼一座遙遠的城市工作，致力於建立教會並向當地的民眾傳教，後來他獨立建立並運作一間痲瘋病院，成為了紅十字會的一位高級官員。威廉．范．艾倫是家中最年幼的，她有一個姊姊和兩個哥哥。根據他女兒艾拉．范．艾倫（Ira van Eelen）的說法，他這輩子都把心思放在達到他父親所設下的標準。

我拜訪了艾拉在阿姆斯特丹的家，她和丈夫與正值青春期的兒子住在一艘座落在景色優美的東部運河上、寬敞的自製船屋裡。陽光從巨大的天窗和無數舷窗中投射下來，照亮了整齊溫馨的廚房與客廳。艾拉坐在廚房中島的其中一端，她頭頂上的兩盞吊燈，正隨著船隻的搖擺緩緩搖晃。

「這就是細胞培養肉的起源。」她說，同時把一張黑白照片推到我面前。照片裡站著四個人：她的父親（當時還是個孩子）、他父親的兩個哥哥、她的祖父。艾拉把幾綹金髮撩到耳後，隔著金框眼鏡看著照片，手指從左到右輕輕滑過，開始講述她家族的故事。

她父親的其中一個哥哥後來成了一位低調的醫生，搬到了挪威北部。另一個哥哥則成了男性模特兒與盆栽種植者。他們兩人從小就霸凌范．艾倫，這促使他更想要別人對他刮目相看。照片中沒有范．艾倫的母親卡洛琳和姊姊瑪麗亞。艾拉以喜愛的口吻說瑪麗亞是「感情經驗豐富、喜歡騎馬、世界各地到處跑」的自由派，最後決定放棄在荷蘭的平凡生活，搬到印度，加入神祕的巴關．希瑞．羅傑尼希，也就是著名的奧修。

加拉德．范．艾倫四十幾歲時，便帶著一家人搬到荷蘭東部，他在鬱金香的故鄉萊頓短暫就學，並拿到了醫學學位。等他念完書，他又帶著全家人回到印尼，落腳在西爪哇繁華的首都萬隆，在那裡從業行醫。他們的生活模式變得奢侈了起來：定期的網球之旅（他們有自己的球場）、去瑞士的達沃斯滑雪，以及讓孩子們就讀荷蘭的菁英預備學校。

然而，他們優渥的生活因為希特勒的納粹德國所帶來的威脅被迫畫上句點。當時范．艾倫才十五歲，還在學校裡，卻突然接到位於印尼的父母發來的電報，要他盡快返回亞洲。他們試著防止他遭受即將席捲並顛覆整個歐洲的危險。范．艾倫有幸搭上了最後幾艘開往印尼的船，他的家人都認為他在那裡會很安全。

一九四〇年五月十日，德軍入侵荷蘭。范．艾倫的父親和哥哥們為戰爭投入了許多心力，父親是紅十字會的成員，哥哥們則是荷屬印尼皇家軍隊的士兵。為了讓父親和當時的女友刮目相看，他決定也去從軍。

然而，隨著日本軍隊開始進攻印尼，歐洲以外的國家也不再安全了。

這場戰爭在他身上留下了兩道傷疤。第一道是他再也無法觀看有飛機朝著螢幕飛來場景的電影。在他從軍期間，他駐紮在一座看得到海面的山頭，和同袍的任務是看守並操作一枚大砲，當日軍的飛機像殺人蜂般嗡嗡作響地出現在天際時就要將它們擊落。他後來和家人提起承受機關槍彈雨襲擊的恐懼，數以千計的子彈在大砲坑四周的水泥牆上碰撞，他身邊躲不過槍林彈雨的同袍，就這樣命喪在他身旁。

第二道則是對食物產生了複雜的情感。德軍入侵荷蘭五天後，荷蘭政府就投降了。兩年後，一九四二年三月，荷蘭正式向日本投降，他與他的印尼軍團不得不躲進叢林深處。對許多人來說（包括范．艾倫），潮濕的叢林就和正面迎戰日軍一樣危險。他以戰俘的身分向日軍投降，並開始了三年他事後稱為「日本旅行團」的痛苦折磨。日軍會頻繁地調動他們的戰俘，以糟糕且不人道的方式送到不同的島嶼去清理土地和建造簡易機場。

在他後來告訴孩子們的故事中，他還記得在自己遭受拘禁的期間，飢餓所造成的可怕影響。根據他的回憶，戰俘們分成兩派：一派失控崩潰，一派堅持到底。當絕望與極端飢餓的狀況越演越烈，他眼看著其他俘虜們順從了最原始的本能，將任何能得手的動物撕扯成碎片。

這樣的經驗挑戰了他對於人性尊嚴的認知，使他不得不正視飢餓所造成的危機。這是必須解決的問題。所以一九四八年戰爭結束後，他回到了荷蘭念醫學院。

某天下午，當他在幾個實驗室之間徘徊時，他經過一個房間，看見一群科學家正在處理一片從動物身上取得的組織。他們試著讓這片組織活下來，並使它繼續生長。如果成功了，那麼未來有一天，他們也許就能培育人類器官。他和其他學生們著迷地繼續看下去，但他腦中思考的卻和人體健康一點關係也沒有。他提出了完全不同的問題：我們能像培育細胞組織那樣培養食物嗎？

這個想法並沒有那麼古怪。醫學院早就用各種理由在實驗室裡培育細胞了。細胞培育是現代生物與藥學的基礎，也是非常重要的工具，能夠幫助我們認識生理學，甚至是開發對抗愛滋、癌症等眾多疾病的藥物。在范．艾倫眼中，如果可以在培養皿中養出一個器官，為什麼不能培養肌肉和脂肪呢？如果可以培育出肌肉，為什麼不能吃它？

「我眼中看見的就只是一塊肉。」他後來和女兒描述靈光乍現的那一瞬間時是這麼說的。

范．艾倫也許是想到了細胞培養肉的概念，但他沒有將之化為現實的專業。因此，他把下半輩子都用來尋找科學人才與資金，設法讓夢想開花結果。

范．艾倫是個很有存在感的人。他很大方，也完全不怕出現在有錢企業家的公司門口（有時是不請自來）描述自己實驗室培養肉的理想。那是一個很難讓人買單的點子，因為在當時荷蘭的基礎研究幾乎都是針對醫學技術的。儘管進展緩慢，他的熱忱確實得到了一些關注。一九九〇年代初期，范．艾倫終於從一群投資人手上募得了將近七十五萬美元。

一九九七年，他申請了幾項關於細胞培養肉流程的專利，並在一九九九年獲得批准。二〇〇二年，他與Meester Stegeman 公司合作（當時是莎莉食品集團的子公司），組織了一群科學家。馬克．波斯特就是這群科學家中的一員，他令人印象深刻的成就最後使他成為細胞培養肉運動中的主要人物。

就在這段期間，范．艾倫發現美國有個男人也在為類似的科技申請專利。出於好奇，他找到了這個男人的電話。他撥了那個號碼，不耐煩地等待著。

在地球的另一端，夜半時分，一支電話響了起來。

一位住在洛杉磯的男人睡眼惺忪地爬下床，拿起嗡嗡作響的話筒。他看著時鐘，注意到時間早已是深夜。他記得當時聽見另一端傳來的話音，乍聽之下好像帶著濃濃的德國腔。

「你是約翰・韋恩（John Wayne）嗎？」范・艾倫咆哮道。

「請問你是哪位？」男子困惑地回答。

「我叫威廉・范・艾倫。我們以後如果不是最好的朋友，就會是彼此最可怕的敵人。」

他發現喬・維恩（Jon Vein）的名字出現在最近提出申請的實驗室培養肉科技專利上。看來他又找到了一個狂熱分子了。維恩曾是藝術家代理集團的營運長，後來還是希拉蕊・柯林頓二〇一六年競選期間美國國家財政委員會的成員。他同樣也對未來食物充滿熱情。

維恩內心自認是個怪胎，他有雙工程師學位和法律學位。自一九八〇年代起，他就讀了許多當時看似毫無關聯的文章：全球飢餓的狀況、畜牧業的生態足跡、為了放牧而大量砍伐森林、禽流感的新聞、細胞工程的報導。

當時他萌生了想把這些事物組織起來的遠見，並開始迷上了細胞培養肉。如果能在受到控制的環境下生產肉品，也許就能彌補畜牧業造成的諸多負面影響。

「所以我聯絡了幾個當時很有名的細胞工程師，問他們能不能將我的想法寫下來。」他說。也差不多就是在那個時期，他接到了范．艾倫的第一通來電。

兩人後來變成了朋友，范．艾倫也開始信任維恩。他相信維恩能幫他實現細胞培養肉的夢想，最後甚至將專利賣給維恩，好把他們兩人的智慧財產整合起來。兩人一起去接觸金融家和研究員，試著讓更多學術界人士參與這個理想。

同一時間，這個領域也有其他技術在發展著，但還是以學術為主。范．艾倫認為這個過程進步得太緩慢了。二〇〇二年，紐約杜魯學院一位名叫莫里斯．亞倫．班傑明森（Morris Aaron Benjaminson）的科學家，終於成功地在培養皿中養出了一隻金魚的肌肉組織。這項研究是由NASA提供一部分的資金，約六萬兩千美元，好研發能夠為太空人製作替代食物的技術，讓他們在前往月球的長途旅程中使用。班傑明森用橄欖油煎了這塊金魚肉，用香料調味，並讓一群人證明這種肉真的是可以食用的。然而，不難想像，就算這項技術確實產生了真正的產品，也只會成為冷凍太空餐，就連最有冒險精神的太空人都要等到返回地球的途中，已經無聊到不願意再把它推回太空船的廚櫃中時，才會打開來吃。太空總署再也沒有關心過班傑明森的研究。

到了二〇〇五年左右，仍然沒什麼人有興趣投資細胞培養肉。隨著范．艾倫的年紀漸長、身體狀況衰退，他越來越清楚自己大概看不到他的努力開花結果了，因此時常陷入沮喪的情緒之中。

幾年後，二〇一二年五月六日，善待動物組織（PETA）的理事長兼創辦人英格麗．紐寇克（Ingrid Newkirk）在《紐約時報》雜誌上寫了一小篇致敬文。這正是他期待已久、歷史性的一刻。

「很快，我就能夠再次無憂無慮地吃肉，不必擔心我的健康、虐待動物或環境惡化問題。」她寫道。「因為今年秋天，在荷蘭企業家威廉．范．艾倫靈光乍現的六十年後，第一個由實驗室生產的漢堡排即將首次亮相。」

幾個月後，馬城大學的馬克．波斯特教授，這位首批被范．艾倫欽點加入團隊的科學家，在倫敦向全世界展示了他的實驗室漢堡排的初期原型。這個漢堡排幾乎完全是由肌肉組織所構成。儘管這些漢堡排的造價（他只公開了一個，但總共做了四個）超過三十三萬美元，這仍是很大的進展。

范．艾倫當時已經逼近九十歲，並沒有參加倫敦的訪談。他隔天在報紙上讀到了那則新聞，對於報導中漢堡排的成本感到不太高興。他不覺得要這麼貴。那天稍晚，他接到一通記者打來的電話，雙方談得並不愉快。按照艾拉的說法，他氣炸了。他沒有錢做更多研究，無法相信波斯特的研究是正確的道路，但能做出改變的時間已經不多了。

儘管他挫敗不已，但能在報紙上讀到細胞培養肉在倫敦登場的新聞，對范．艾倫來說就是個成就了。他花了好幾十年督促全世界關注這種新技術，他相信某天將能用符合經濟效益的方式來消滅飢餓，並維持環境永續發展。

威廉．范．艾倫在二〇一五年辭世，享壽九十一歲。當時，這些細胞培養肉的公司都不存在。現在，這樣的公司已經超過三十間，紛紛推動著肉品製造科學與經濟的發展。他的身影遍布當今整個產業，波斯特曾和他並肩同行，Memphis Meats的執行長烏瑪．瓦萊蒂和其他人都讀過他的著作。

而喬許．泰翠克收購了范．艾倫的專利，這象徵著最初的夢想，已從上一代交棒給下一代，仍在朝著努力重塑食品未來之路邁進。

第三章　分子奇蹟

前景樂觀的新興食品技術新創有了長足進步，在短短三年內，製造特定種類細胞培養肉的成本便大幅降低了。過去，光是波斯特價值三十三萬美元的漢堡排中所需的兩萬條肌肉纖維，就得花上三位實驗室技術人員三個月的時間；若想在傳統商店販售這種牛肉，一磅要一百二十萬美元。然而，在二〇一七年三月，其中一間新創公司Memphis Meats告訴《華爾街日報》，他們已經把細胞培養雞肉的價格降到了每磅九千美元，儘管還是一筆巨額花費，卻能夠看出價格已在數年內有快速下降的趨勢。二〇一八年九月，在一場位於加州柏克萊的食品科技座談會上，Memphis Meats的執行長宣布成本再度下降，這次每磅低於一千美元。二〇一九年初，以色列的新創公司Aleph Farms告訴媒體，他們使培養牛肉的價格降到了每磅一百元美元左右。二〇一九年十月，泰翠克說他用純細胞培養製造的雞塊每塊成本只要五十美元；同一個月，以色列另一間公司Future Meat Technologies說他們準備在二〇二二年時讓細胞培養肉來到每磅十美元。

那麼，細胞培養肉到底貴在什麼地方？答案是為了使它開花結果所需的智力，以及它的材料。以最基本的需求來說，配方裡必須要有三樣東西：首先當然是細胞，還要有富含營養素的液體介質來餵養它們，以及無菌的生物反應器，好提供適當的環境使其生長。

其實，細胞培養肉的概念很單純：將一顆細胞放進正確的環境條件中，它自然會分裂並複製非常多次。只要這些細胞複製的數量夠多，它們會自行排列成一團肉眼可見的集合體，我們稱為組織。我們所食用的大部分肉品都是肌肉組織，包含75%水分、20%蛋白質、5%脂肪，還有十分微量的碳水化合物。

細胞內部則是一個神祕的小世界，每一顆都擁有一套基因密碼，能讓單一細胞對環境做出反應；製造蛋白質；產生能量；建立皮膚、骨頭和肌肉；造出抗體對抗外界入侵等等。

JUST和其他公司的科學家又是如何獲得這些細胞的呢？目前，可以透過無害的切片方式從活著的動物身上取得，也可以從剛被宰殺的動物卵巢細胞中獲取（這個部位很適合取得年輕又強壯的細胞）。有些科學家甚至聲稱可以從任何一包超市買來的肉品中取得肌肉細胞，只是他們通常不會這麼做，所以那些細胞有沒有辦法繁殖還有待釐清。

「最健康的細胞會來自活體切片，而其中最健康的切片則是來自於非常、非常年輕的動物。」Finless Food的領導人麥克．賽爾登（Mike Selden）說。「說實話，從超市買來的東西一點用處都沒有，因為你在那裡買到的一切都是死的。」

細胞培養肉公司的科學家會鑑定哪些細胞是幹細胞。和使用率有限的普通細胞不同，幹細胞能夠分裂與複製很多次，還可以轉變成在生物體內運作之兩百多種細胞的任何一種。

將我們的細胞想像成建築工地的工人吧。有些人的任務是鋪水泥，有些則是木匠，有些也許是水電工。他們可以和諧地建立起一大棟建築物的不同部分。但你也可以將一位水泥工人抽離崗位，把他送去學習接電、插頭和插座的原理。然後再把他送回工地，讓他成為一位新興水電工。同樣的事也適用於分子層次。

舉例來說，JUST的科學家表示，他們可以操控某些從雞毛上取下的細胞，使它們不只能分裂並複製出羽毛組織，還可以變成肌肉或脂肪組織。為了辦到這件事，他們要使該細胞經歷「反分化」過程。科學家會取出這種平時只知道長出羽毛組織的細胞，告訴它們不要再製造羽毛了，並使它們退化成更早期的細胞。這有點像是讓細胞坐上一臺時光機，讓它從發展的過程中退化，回到叫做「多能狀態」的時期。此時，曾經的羽毛細胞就能重新選擇它的生命歷程。而這種說服細胞選擇新的特定功能，例如變成肌肉或脂肪細胞，讓細胞取得執行整組新機能所需之特質與工具的過程，被稱為「分化」。

在所有的大學研究室和細胞培養肉公司中，針對「如何確保科學家能穩定取得細胞」這點，分成了兩種不同的流派。第一種很簡單：每隔幾個月跑一趟動物養殖場去搜集細胞，取得之後使它們不斷地分裂並複製至不再活動為止，接著再去養殖場採集細胞，不斷重複。第二種則是：拿一團細胞做成所謂的「不朽細胞株」，此後再也不需要對活體動物進行切片。

「不朽細胞株」這個詞有點曖昧。它可以一路追溯回一九五〇年代，當時大部分的細胞生物學家都還認為，只要提供細胞所需的養分並給予恰當的環境，它們就會永無止境地複製下去。不過，科學家們必須想辦法創造出那些條件，而這件事本身就是個艱鉅的任務。

後來，一位名叫李奧納多・海佛列克（Leonard Hayflick）的美國科學家在一九六二年推翻了這個理論。他發現每顆細胞內部都存在著某種生物時鐘，每當細胞分裂成一顆完整的新細胞時，那個小時鐘就會做紀錄，而每顆細胞大約分裂五十次就結束了，它就是會突然停止分裂。

此外，細胞內充滿了絲狀的染色體，攜帶著它的基因訊息。這些染色體的尾端是結構獨特的端粒（telomere）。它就好比機器中的重要零件，會確保細胞在分裂的過程中沒有漏掉任何必要的DNA。基本上，端粒就像是在發放小小的指導手冊，讓所有細胞知道該如何正確地自我複製。問題是，端粒的指導手冊，也就是所謂的「鹼基」，並不是無限的。當細胞一次又一次地複製時，鹼基的減少會使端粒越來越短，一旦鹼基供應不足，端粒就有丟失部分DNA的風險。細胞會將這個風險視為錯誤訊息，端粒因此不再發放手冊，進而使細胞停止複製。

這對想製造細胞培養肉的人們來說當然不是好消息，這代表細胞的再生能力終究會衰竭。自從一九六〇年代起，科學家們（包括細胞培養肉公司裡的）想出了各種方法讓細胞的再生能力持續延長。他們通常會藉由在細胞所需的液體介質裡添加蛋白質和抗氧化劑，來使它們的壽命延長。現今的一些公司則選擇使用某些特定的動物細胞株，這些細胞能複製遠超過五十次。

大部分的細胞培養肉公司都選擇了第二種。儘管建立不朽細胞株的困難重重，好處卻大大勝過不斷回去採集動物細胞。這麼做一來可以更輕易地培育出更多肉，因為這些細胞不會在複製五十次左右後就罷工；二來成本也較低，因為公司不須動用資源、器材和人力去搜集細胞；三來比較容易維持肉的品質，動物基因有許多變動性，並不是所有細胞都會有相同表現，而這點會對口味有巨大的影響。

創造這種細胞株並不簡單，但多虧了該科學領域內的互通有無，某些新創公司不必從零開始摸索，只需要想辦法取得一串已知的細胞株初始成分就行了。對於矽谷的（還有全世界的）公司來說，在美國的另一頭，有個地方可以辦到這件事。

位於華盛頓特區外的維吉尼亞州，距離舊金山將近三千英里遠的馬納薩斯市，有一棟平凡無奇的建築物，緊鄰著北維吉尼亞社區大學，隱身在樹蔭之中。這棟建築物的外觀平凡無奇，只有方方正正的灰色外牆，四周種植著小小的花圃，內部卻保存了龐大且無價，能夠打造食品未來的科學奇蹟。

那裡正是美國典型培養物保存中心（ATCC），一個儲存著各式各樣細胞培養菌種的非營利組織。該中心成立於一九二一年，可以說是物種資料庫，存放著全世界最大也最多樣的人類與動物細胞株。每當細胞生物學的新銳研究員發明出值得記載的新細胞時，最後便很有可能會被收進中心的生物資料庫裡冷凍保存。

這點使該機構成為在實驗室培養肉前線闖蕩的企業家與科學家們眼中貨真價實的金礦。只要細胞被納入資料庫，也就是一個溫控保險箱中，任何個人、研究員或公司都能透過付費取得使用權。

保羅．莫札克（Paul Mozdziak）博士畢生的夢想，就是創造出一種能夠被列入資料庫的細胞。他在北卡羅萊納州立大學的實驗室中辛勤工作多年，就為了創造他口中的「無限雞肉細胞培養菌」。莫札克說，他的目標是為了能更加了解主導肌肉組織生長的細胞和分子機制。

莫札克希望他培養的細胞能自行在生物反應器（用來培養細胞的容器，外觀長得很像啤酒桶）裡自行生長。細胞會漂浮在液態介質當中，不斷複製出雞肉細胞，完全不需要飼料、穀倉，甚至是活雞。只要把這樣的過程搞定，像莫札克這類的科學家會將這個細胞移出實驗室的環境，使其可以大量生產，目標是餵飽無數人。

理論上來說，莫札克的目標：打造能夠量產的製程一點也不複雜。但是要把細胞從一公升大的小壺，移至十萬公升大的生物反應槽裡就沒那麼簡單了。一切都關乎比例。

現在，有數十間未來食品公司正在嘗試用新概念取代動物肉製品，但他們都遇上了相同的問題：原料太貴了，難以負擔在短時間內大量生產。這卻是所有想在整個市場分一杯羹的公司必須克服的障礙。莫札克正是希望他的研究能為打算製作實驗室雞肉的公司解決這個問題。

在任何人真的可以用大規模量產顛覆市場之前，他們首先得想辦法讓這些小細胞複製許多次。而要讓細胞複製，這些建造生命的小工人必須被餵飽。多虧了我們龐大而精細的血管系統，在活體動物身上（還有我們體內），這個過程是自然發生的。血液會輸送養分到我們體內的各個區域。但當科學家在培養皿或生物體外培養細胞時，並沒有這樣的血管系統，所以他們決定將細胞浸泡在充滿養分的介質中，也就是製作細胞培養肉三大要素中的第二樣。

在細胞培養肉公司的環境中，介質也許是製程中最神祕的東西了。它就像是女巫所煮的大鍋湯，裡面倒滿了所有巨分子的「成長元素」，例如氨基酸、糖、脂質、使細胞增殖的賀爾蒙等等。這些介質，有些人也會稱它們為「血清」，同時也是數以百計的蛋白質，每一顆都夾帶著特定功能，以幫助細胞增殖。它們的眾多工作之一便是傳遞胰島素，這對培養許多脊椎動物的細胞是必要的成分。另一種蛋白質則是運鐵蛋白，負責將鐵質送往培養的細胞中。發展最快速的新創公司擁有他們自己調製的配方，專為他們生產肉品的細胞所設計；配方的細節則是受到嚴密看管的智慧財產。

有好幾年的時間，在這個領域工作的科學家都是用胎牛血清（fetal bovine serum）作為介質，如同其字面上的意思，是從牛胚胎裡取出的血液。使用這種血清對這群新創食品公司來說絕不是長久之計。四杯胎牛血清就要一千一百五十美元，而且它雖然適合在實驗室環境中培育小量的肉（JUST的科學家說這樣的量足以培養大約十公斤的肉），但是要進行工業量產，並供應足夠的產量給整個市場是不夠的。這樣的價格導致人們很難負擔得起足夠的牛胚胎血清來餵養即將顛覆龐大畜牧業的肉細胞。再說，這當然也有道德上的問題。

為了減少對畜牧體系的需求，這些公司得找到替代品，取代從真正的牛身上取得的血清。為了避免使用動物性產品作為介質的基底，幾間細胞培養肉公司的科學家，理所當然地將目光轉向了植物。在這方面，JUST的喬許·泰翠克比其他人領先一步，因為他的科學團隊有一個花了好幾年的時間才建立起來的獨特資料庫。這個資料庫原先的目的是用來開發純素美奶滋和蛋的，現在則被大幅運用在細胞培養肉上。

這個系統叫做「果園」（Orchard），包含了關於世界各地植物的珍貴資訊，裡頭的每一種植物，都是由JUST中負責野生植物採樣與永續發展的伍迪・拉茲米（Udi Lazimy）看管的專案所搜集、分析並登錄在系統的。拉茲米旅行世界各地——造訪許多不同地方，例如西非與印度的社區——收集植物，並將它們帶回舊金山。他知道哪些植物科別和種類富含蛋白質，於是便將自己的精力都投注在培養那些特定的植物上。他從超過六十個國家取得了超過兩千種植物，足跡遍布南極洲以外的所有大洲。當他和團隊把新的植物品種鍵入果園系統時，他們會在裡頭註記它的特徵：原始產地、對乾旱環境的反應、過敏源、口味與氣味，甚至是每年的全球產量。

而JUST大部分的工作，便是找出不同種類的植物中分別含有哪些蛋白質。大部分的植物蛋白都存在於它的種子當中，拉茲米會在實驗室將收集到的種子磨成非常細的粉末，裝進貼有上百個精密標籤的儲糧桶裡，並拿到JUST總部一樓的一間恆溫室裡保存。

接下來，樓上的科學家會拿粉末樣本用幾臺高科技機器（有些機器價值好幾十萬美元）分析數據並產出成分表，包含它的蛋白質模式和溶解度。該公司的科學家也會測試每一種粉末使用在食品上的可能性，例如是否會影響某些物質膠化的方式，或是能否當成優良的乳化劑等等。起初，JUST最大的野心是製造出植物性的蛋替代品。二〇一八年，他們終於完成了這個目標，釋出了一種由綠豆當中的蛋白質為基底的液態蛋替代品。

JUST便是用相同手法尋找可以取代胎牛血清的物質。而透過前面提到的植物蛋白資料庫，該公司的化學家做出了合適的液態介質。

但是，植物性的介質並不完美。JUST的科學家也許找到了存在於胎牛血清當中、細胞生長所需的必要物質，但要完美複製出相同比例的天然介質並不容易。事實上，細胞在植物性介質中生長的速度通常不敵在胎牛血清裡的。就算是最適合鴨細胞成長的植物性介質，也不見得能完美應用在雞或豬細胞上。因此實驗室裡的人們得盡可能分析和測試各種植物，好創造出各種不同的生長血清，並測試細胞浸泡在其中的反應。儘管新的植物性合成液態介質比胎牛血清便宜，當考慮到大量生產所需要的分量時，成本還是太高了。Mission Barns的執行長艾坦・費雪

（Eitan Fischer）在獨立創業之前是JUST的科學家，他非常清楚在整個產業中，介質所占的成本最高，也是生產具有價格優勢之肉品的最大障礙。在二〇一九年，由維托．艾斯皮里托．聖多（Vítor Espírito Santo）領軍的JUST科學家們表示，他們製作的血清成本已經大幅下降，比先前購買胎牛血清的費用低，大約落在每公升一到五美元，比前一年低了二十五美元，也比一磅一千兩百美元的胎牛血清便宜多了。

這一切的細胞活動都會發生在第三個，也是最後一個要素——生物反應器。它是個巨大的容器，允許科學家們打造必要的環境，好讓浸泡在介質中的細胞得以生長。這些機器通常是圓柱型的，尺寸從小罐子（通常會出現在新創公司的實驗室裡）到工業用的大桶子都有。以色列的Future Meat Technologies所使用的反應器容量約六百公升（和冰箱差不多），理論上可以在幾週內製造出等同於一千五百隻雞的肉。

只要在生物反應器中填入液體和細胞後，它便會維持恆溫、調節酸鹼值、確保桶子裡有足夠的氧氣流通，以及控制養分濃度與酸性。這一切都是為了讓細胞可以在介質裡大快朵頤與放心生長。

現今細胞培養肉的科學家所使用的生物反應器，有五種不同款式，每一種都是為了特定的醫學研究所設計的。但細胞培養肉公司和醫藥科學家的需求並不相同。這些公司需要的是新的設計，是市場上還沒有出現的工程小道具。現在最主要的挑戰，是要在生物反應器內創造出一個環境，使細胞複製時受到最小程度的干擾，而這比想像中的困難許多。

美國灣區的細胞培養肉公司Artemys Food的創辦人傑西・奎格（Jess Krieger）告訴我，由於細胞之間自然產生的許多種連結，細胞喜歡群聚在一起複製。其中一種連結被科學家們稱為「間隙連接」，是一種獨特的細胞連接，幫助細胞彼此溝通。另一種則是由黏附分子蛋白所創造的橋粒。這些連結能幫助細胞一起成長並形成巨集。在生物反應器中，這些細胞團塊不只彼此連接，也能藉由依附在筒壁或覆蓋在某些反應器底部的特殊平面上，得到額外的支撐。

整個過程十分困難，因為科學家們得確保介質中的養分與氧氣都均勻分布。為此，生物反應器要創造出一股夠強的氣流，好不斷攪動液體，但又得夠溫和，才不會打擾到細胞。可以想像，越大的生物反應器需要越多液體；而越多液體又得用越大的力量才能均勻攪拌。

JUST的技術長彼得・里卡利（Peter Licari）帶我去參觀細胞培養肉實驗室裡一個四面皆被乾淨的塑膠牆所包圍的小區域。科學家凱文・希考克（Kevin Hicok）和維托・艾斯皮里托・聖多正在處理一盤盤不同動物的細胞，觀察它們的生長，並將放置樣本的培養皿拿到顯微鏡下，好讓我更清楚地看見它們是怎麼形成的。

我看向其中一個顯微鏡，見到了一個個顆粒狀的有機體：一顆顆泡泡狀的小生物排列在一起，並形成一個較大的巨集。我看到的只是一小塊樣本，但當它們在生物反應器中增殖後，這些細胞就能夠被採集並製作成人們認得的肉製品，像是熱狗、雞塊、香腸和漢堡排。等到可以採集細胞時，科學家們便會透過離心分離將細胞與介質拆分：讓生物反應器內部進行高速旋轉，將液體介質抽乾，並將固體甩到反應器的壁上。接著，科學家們會從裡面刮出彷彿黏土般帶有韌性、暗粉色的細胞巨集。這團細胞還得經過清洗和再次離心分離才能食用，不過這過程很快。幾天之內，科學家們就能產出足夠的細胞，並包裝起來送去給產品研發團隊。再來就是湯瑪士．鮑曼這類的米其林星級大廚施展魔法的時刻了。

當然，想吃細胞培養肉不一定要有米其林星級大廚。

「如果直接吃離心分離完的細胞會發生什麼事？」我問。

「不會發生什麼事，」里卡利接著說明他們的過程自始至終都是小心地計算與監督過的，「你當然可以直接吃。它是很純淨的。」

純淨。真是個好詞啊。

我以前都會避開不到五分熟的牛排或漢堡，這是我母親讓我養成的習慣，她不希望她的孩子們肚子裡出現生肉中各式各樣的微生物小訪客。

伴隨著食物而來的病原體是很難一一抓出來的。幾乎所有沒有完全煮熟或處理過的食物，都有將諾羅病毒、沙門氏菌和大腸桿菌吞下肚的可能性。它們可以輕鬆地藉由超市所販售的紙袋裝麵粉進入起司漢堡裡。現在，細胞培養肉公司的科學家們表示，由於他們的肉都是在完全無菌的環境下製造的，他們的產品當然比市售的肉品安全與乾淨。傳統肉品由於暴露在環境與動物排泄物的影響之下，我們不得不將食物加熱到某個特定的溫度，把多餘的微生物煮掉，好確保安全。

如果我們真的願意的話，理論上來說，是可以直接把細胞培養肉從桶子裡挖出來吃的。

細胞培養肉將會超級安全的概念，使它們不只能作為新世代的雞肉、牛肉或豬肉。事實上，如果你和細胞農業非營利組織「新收穫」（New Harvest）的執行長艾莎・達塔（Isha Datar）聊過，她會告訴你，真的有很多理由去積極看待細胞培養食物，包括開發出更多新型態可食用物質的可能性——甚至是肉以外的食品。現在，由於科學家們相信細胞培養食品在準備和食用上將更為安全，那些希望也被點燃了。

「大家都在問實驗室生產肉什麼時候會進入市場，對我來說，這暗示著細胞農業似乎是有個眾人所追求的終點的，」她說，「但終點並不是一個產品，這當中還有更遠大的東西。細胞農業是全新的產業：全新的科學新領域，以及整批的產品，即將改變食物來到你我餐桌的方式。」

達塔是位純素主義者，負責管理「新收穫」組織。過去幾年間，這個組織已經投入了數十萬美元的資金贊助細胞農業研究。她希望能將非常進步、平價、不需要動物的食品送到消費者面前，越快越好。該組織的資源全都用來實現這個目標。

這是很大膽的未來願景，而肉類只是起點，更進一步則是各式各樣我們從未夢想過的新食品。至少，我敢說范．艾倫從未想過。

這個從范．艾倫開始推動的小產業，如今已經取得了驚人的進展，但仍有許多科學技術得改善、許多領域要探索、許多資料要收集。這還不僅限於生物反應器內部所發生的細節。

細胞培養肉公司不斷地強調他們的技術能為環境帶來的潛在好處。一般人不需要太多專業，也知道這些公司能減少土地、水資源和能源的使用，但事實是，我們仍需要更多具有說服力的數據，才能完全相信這些食品科技將為地球帶來多少實質的改善。截至目前為止，學術界對於細胞培養肉的分析都是偏理論性的，因為還沒有實際運作中的細胞培養肉製造廠可以觀察並搜集研究數據，也還沒有真正生產肉類的資料作為對照。

二〇一八年十二月，一群世界頂級的細胞培養肉學者在荷蘭馬斯垂克的糖果盒餐廳碰面，參加由Mosa Meat的馬克・波斯特所舉辦、為期兩天半的會議。他們討論的主題一如往常：液體介質的發展、生物反應器、組織結構、細胞選擇、培養肉的社會觀感，以及和大規模生產細胞培養肉的永續性相關之最新研究。這些學者來自世界各地，包括美國、芬蘭、日本、西班牙、英國。其中，來自赫爾辛基大學的學者漢娜・陶米托（Hanna Tuomisto）曾於二〇一一年領軍發表在學術界受到諸多引用、探討細胞培養肉永續性的牛津大學研究，這次她也分享了一些尚未發表的最新發現。

她的研究顯示，細胞培養肉所消耗的能源，其實會比二〇一一年那份研究得到的結果高出三倍以上——這可不是細胞培養肉公司想聽見的好消息。

「很多新創公司很怕我們發表這些結果，」陶米托告訴我，「我們本來打算要投稿的，但後來決定作罷，我們知道他們在擔心什麼。」

他們擔心媒體會緊咬著二〇一一年的研究與她還未發表的研究之間的差別不放，無視這兩項研究中的細微差異，讓陶米托的研究被曲解，並對細胞培養肉進入市場的可能性造成潛在傷害。那麼，這其中的差異是什麼呢？

測量任何食品製程的生命週期評估（Life cycle analysis）——搞清楚它在製造過程中每一階段對環境所造成的影響，是個複雜的科學問題，也是嚴峻的數學挑戰。對陶米托來說，藏在細節中的魔鬼是液體介質。她告訴我，二〇一一年的那份研究，是奠基在認為液體介質的製造公司最終會開發出以藍綠藻為基底的前提上。那是世界上對環境最友善的介質之一，所以她選擇把它放入計算結果的等式中。

但這是個大問題。就她的理解，沒有任何公司使用藍綠藻介質。她試著向這些公司要求某些關於製程的細節，還有他們使用的原料，但他們當然不願意透露這麼機密的資料。因此她最新的研究，只好預設這些公司都是用胎牛血清，因為她很確定這些公司曾經使用這項原料。儘管許多公司，包括JUST和Memphis Meats在內，都說他們已經放棄了這種傳統且昂貴的血清，但他們還沒有公開自己所用的替代品。新創公司保護智慧財產的行為，並不是學者們可以掌控的，這間接導致學術界幾乎不可能發表真正精準的研究，也點出了更透明化的必要性。

「他們不公開自己在做什麼，也不在座談會上做簡報，所以我無法追蹤到製作過程，」她頓了頓，「我覺得他們太樂觀了。」

話說回來，雖然細胞培養肉看似對環境有諸多好處，我們其實無法確定這些公司的製程永續性有多好，所以他們宣傳自己的產品是對環境的一大福音時，這些消息都該打個折扣。不過產業中的業者與學界大多都認為，與傳統的肉製品相比，細胞培養肉能夠省下最多的土地與水資源。

無論如何，在JUST和其他公司的實驗室裡所發生的奇蹟，仍然讓人興奮不已，因為它開創了許多新食物的可能性。這是智慧與科技的結合，讓范・艾倫努力倡導的點子不再是科幻小說，而是充滿可能性的未來。

二〇一七年九月，泰翠克宣布JUST買下了范・艾倫的專利，以及洛杉磯商業巨擘喬・維恩的類似專利。在同一篇聲明稿中，該公司也表示他們任命范・艾倫的女兒艾拉作為公司的正式顧問。

這個新聞讓圈子裡的其他細胞培養肉公司卻步了，因為JUST負責智慧財產的韋恩・薩圖（Wayne Szeto）說了一句話：「我們非常樂意討論授權的可能性。這並不是『跟我們玩，不然就拉倒』那種非黑即白的局面。」

仍然沒有人知道JUST到底能夠或打算怎麼運用這些專利。截至目前為止，該公司也還沒有用它們來將特定生產過程據為己有。

在泰翠克心中，他被選中要扛起范．艾倫的重擔，他渴望實現醞釀了超過六十年的夢想——成為製造並販售細胞培養肉的第一人。這將為該領域寫下新的篇章，讓創新的點子出現在大眾的想像裡。他是否已經準備好擔任這個角色，又將如何發揮，就無從得知了。

第四章　荷蘭夢

二〇一七年十二月二十九日，就在跨年前兩天，泰翠克和他的愛犬艾利登上了一班皇家荷蘭航空的直達班機，從舊金山飛到世界另一端的阿姆斯特丹。他希望能在那裡第一次展開細胞培養肉的商業販售。

這趟旅程有著無窮的潛力。早在出發的好幾個星期以前，他就和JUST的一個小團隊討論過旅程中的每一個細節，盡全力要使這個極為罕見的任務成功。他們研究過運輸的規定和時間，甚至設計了一份營養成分表，好貼在盒子上，使內容物盡可能地透明化。

只是有一個問題。就泰翠克所知，還沒有人將細胞培養肉運到世界的另一個角落，送進一個完全獨立的消費市場過。甚至就連要如何讓一包細胞培養肉通過海關（如果可以通過的話）都是個謎。但一定得過關。泰翠克有個非趕上不可的期限。

二〇一八年一月一日，歐盟會對一九九七年頒布的新興食品法進行更新，將非傳統食品的定義擴展到包括「源自植物、動物、微生物、細胞培養物及礦物質等的產品」，以及使用創新生產方式所製成的產品。在這樣的規定下，像JUST這樣的公司，就得填寫正式的申請表並提交給政府，好讓他們可以評量、測試並同意將鴨細胞培養出來的香腸列為新興食品。泰翠克評估，歐盟的食品政策更新並不會造成什麼影響。問題出在冗長的程序。從公司遞交申請到完成測試大約要等上兩年。考量到這一點，泰翠克希望趕在新法規生效前把產品引進市場。他認為如果他的細胞培養肉可以趕在新法規之前售出，自己就有個法律依據，能讓JUST的肉品不受新法規限制。當然他還是得填申請表才能販賣新興食品，但就他的理解，他的細胞培養產品可以在跑申請流程時同步販售並讓人吃下肚。儘管機會渺茫，他還是對此感到相當樂觀。

讓細胞培養肉成為現實，當然有許多物質層面的考量，比方說取得科學成就、募資、向零售商與餐廳宣傳產品，此外還有更形而上的原因，那就是為這項技術打造一個動人的故事。

對泰翠克來說，在荷蘭釋出JUST的細胞培養肉，簡直就是產業中最美的佳話。這裡是這個概念的初生之地，這個國家的歷史中有著一連串漸進式的氣候政策，而且他還擁有威廉・范・艾倫的專利。

他只有大約四十八個小時可以把故事說好，時間不多了。

十個半小時後，他抵達荷蘭，站在阿姆斯特丹的史基浦機場入境大廳中，等著他的行李出現在輸送帶上。時間一分一秒過去，又長又折磨。他等了又等，直到發現自己是最後一個站在行李區的人時，他立刻衝向最近的一個服務臺。他腦中閃過一連串惡夢般的情節，包括他那兩磅珍貴的細胞培養肉被疑心病很重的海關抽查的場景。

隨著時間過去，泰翠克緊張地做好可能要和荷蘭海關硬碰硬的心理準備。一位地勤查了公司的一個系統。

什麼也沒有。

另一位地勤查了不同的系統，滑過一連串的包裹資訊。

一分鐘過去了。接著又過了另一分鐘。

他們到底有多少系統？泰翠克思索著。

其中一位人員抬起頭來。

「嗯，看來它沒有從舊金山起飛。」他說。

它從頭到尾都沒有離開美國。多虧了航空公司的運輸失誤，它現在還躺在離他五千四百英里遠的地方。

某方面來說，這是好消息，他的惡夢沒有實現，那包肉沒有消失在海關那裡。但看起來是不可能趕上了。它真的有機會在一月一號前，被送到地球另一端的泰翠克手中嗎？

他苦苦哀求荷蘭航空的地勤幫忙。他們帶著歉意，向他保證已經追蹤到了包裹，並且會盡快把它送上飛往荷蘭的班機。此時此刻，他能做的事只有等待。那時已經是十二月二十九日逼近傍晚的時刻。包裹還有將近三十六個小時可以從美國飛往荷蘭、通過海關、交到他手中，一切都要在忙碌的節慶期間達成，才有機會在新食品法規生效前進行販售。

這趟旅程，泰翠克計畫在艾拉・范・艾倫寬敞的船屋留宿。當兩人碰面時，他們的焦慮取代了彼此對極有可能發生、充滿歷史性的一刻所產生的興奮之情。他們的命運都掌握在一條國際航線的手中。

她很緊張。他也是。為了打發時間，他獨自前往阿姆斯特丹市區，希望能找點事做，轉移注意力。他晃到一間電影院，在那裡看了半部的《決勝女王》就離開了，現在就連一位奧運滑雪選手變成撲克大佬的真實故事都吸引不了他。他打給艾拉，她開車到電影院來接他。他們回到船屋後，他依然感到坐立難安，最後終於睡著了。

他隔天早上起床時，艾拉已經醒了，正在準備早餐。她站在火爐邊，煎著從當地純素肉店買來的香腸和培根。他們沈默地用餐，一邊咀嚼著純素「肉」，一邊等待高科技純素肉的到來。

接著，傳來了敲門聲。

快遞公司的送貨員遞給他們一個盒子。就是那個盒子。皇家荷蘭航空親手將包裹從舊金山起飛的跨夜班機送來了。就這樣，泰翠克還有超過十五個小時可以完成這歷史性的交易。那個盒子裡裝著一包鴨絞肉和一節鴨肉香腸。

拿到肉以後，泰翠克和艾拉便上了她的廂型車，開往阿姆斯特丹北方，進入贊丹。贊丹是北海運河旁的城市，也是荷蘭的工業重鎮。他們前往一間由保羅．里塔克（Paul Riteco）出資經營的餐廳。里塔克的餐廳叫做「De Hoop op d'Swarte Walvis」，意思是「黑鯨的希望」。這裡歷史悠久，但鋪著白色桌巾的現代餐廳和原本所經營的行業大相逕庭。過去，當荷蘭人還會獵捕鯨魚，以取得魚肉與魚油時，返航的漁船會將巨大的屍體拖回這間餐廳所在的位置，在這裡將鯨魚剝皮和做後續處理。這裡臭氣沖天，尤其是夏天，鯨魚屍體被太陽所曬出的臭味還會飄進城裡的大街小巷。

贊丹本身是個悠哉、幾乎是人造的城市，以筆直的運河、古色古香的木屋和傳統的風車所聞名。阿姆斯特丹對荷蘭之所以如此重要，是因為鋸木廠的發明，使該國進入最輝煌的工業時期。在十六與十七世紀時，荷蘭東印度公司的崛起、擴展及野心勃勃的全球侵略，讓阿姆斯特丹的造船業成為了荷蘭最重要的經濟活動。鋸木廠出現後，建造巨大木船變得更快更便宜了。然而，就和許多新技術一樣，這破壞了傳統工匠的事業。阿姆斯特丹的鋸木匠公會十分不悅，並成功推動了一條城市法律，禁止在城內蓋鋸木廠。同一時間，幾英里外的農業社區贊丹看到了機會，決定擁抱這項新技術，荷蘭造船工業的重心便從阿姆斯特丹轉移到了贊丹。

鋸木廠很快帶來了麵粉廠、油廠、顏料廠和紙廠，贊丹因此在荷蘭工業中居於領導地位，也成了世人關注的地點。當時，這個小小的歐洲國家是全球開發程度最高的國家之一。甚至在一六九七年，連俄羅斯沙皇彼得大帝都從聖彼得堡親自前來贊丹，花了將近一星期的時間研究荷蘭的造船工藝，希望自己能將這些技術帶回祖國，並領導人民朝現代化邁進。

因為贊丹有著豐富的工業歷史，也樂於擁抱新技術帶來的好處，艾拉認為這裡是販售新興培養肉的絕佳地點。她認為這不僅是自己國家的一大步，更是她父親遺願的傳承。

現在，荷蘭的旅行社紛紛將贊丹包裝成能夠欣賞荷蘭往日風情的地方。當地保存良好的木屋，加上傳統的風車，每年總是能吸引大批旅客造訪。因此，艾拉和泰翠克把贊丹——新舊交融的環境，還有許多好奇的觀光客——視為讓細胞培養肉問世最完美的地點。更何況，這裡曾經還是為了動物的死亡而存在的地方。

「這裡有好幾百萬名旅客造訪，我們想讓他們吃JUST的肉。」艾拉告訴我。

泰翠克在十二月三十一日完成了交易。里塔克用一磅十一美元的超低價買了一磅多一點的肉品。當時里塔克的小女兒也在場，就站在他身邊，他希望女兒也能看一眼這有望成為她未來很大一部分的新興食物。泰翠克說，他也想要建造一個小型的肉品製造工廠，好讓餐廳有辦法自己生產他們要提供給顧客的肉。

還有一小部分的肉賣給了阿姆斯特丹的NEMO科學博物館。該博物館計畫要為這個概念打造一個特展。在交易現場的錄影中，泰翠克站在艾拉與科學博物館負責人中間。左邊的艾拉滿臉通紅，十分安靜，淚水在眼眶中打轉。泰翠克注意到了，於是問她，如果她的父親還在世，看見這樣的畫面會有什麼想法。她的身體搖擺著，露出微笑，似乎無法將答案說出口。

「很好。很好。」她以近乎耳語的音量說道，再也無法掩飾自己的情緒。

那一刻，泰翠克已經寫下了歷史。在回程的飛機上，他沉浸在走到了歷史臨界點，並踏入未知境界的榮耀之中。

然而，當時的他並不知道，這場勝利只會維持一小段時間。歐盟的監管政策與美國的一樣難以預料，甚至更難捉模。

第五章 阿姆斯特丹大恐慌

一輛黑色的廂型車穿過布滿濃霧的夜色，在阿姆斯特丹睡意濃濃的東區街道上停了下來，帶來了一個新消息。

我打開門，爬上副駕駛座。艾拉一刻也不耽誤地切換排檔，將廂型車向前駛去，開過一條狹窄的道路，左側是一排船屋停靠在寧靜的運河上，右側則是一排高聳的荷蘭式公寓，像哨兵般矗立著。路燈如蜂蜜般橙黃的光線，照著她嚴肅的神情。

「我有些壞消息。」她說。

從很多方面來說，阿姆斯特丹也許是歐洲最自主的城市之一。這個城市能夠快速成長，主要是因為這裡的居民，按照城市史學家羅素·修托的說法，「對開放有著無比的堅持」。我來這裡是想要更了解細胞培養肉的歷史，包括范・艾倫的背景。但這次的會面並不愉快。二〇一八年三月某個潮濕的夜晚裡，坐在駕駛座上的艾拉看起來焦慮、憤怒、十分挫敗。作為荷蘭人，這並不是她最值得驕傲的一刻。

她用力踩下油門，我們向北疾駛過奧斯特達隧道，直接駛過NEMO科學博物館。幾個小時前，在陰涼的三月午後，一群荷蘭官員無預警地衝進了博物館一角的辦公室，向他們的常務董事提出了嚴正的警告。他們是荷蘭食安管理局的人。他們發現幾個月前，該博物館是——有史以來第一次——採購了JUST的高科技細胞培養肉的其中一間公司行號。這種肉品在國際上尚未得到任何一個政府的認可，儘管博物館只是想要在未來的一個展覽中展出這個產品，政府監察委員還是決定採取行動，將它判定為販售非法物品的非法交易。

對所有參與其中的人來說，這樣的發展就好像是被潑了一盆冷水，特別是艾拉，對於自己的政府居然是第一個以攻擊性態度來面對最創新也最有影響潛力的未來食物這點，她感到羞愧不已。此外，這也無疑地朝著所有致力於細胞培養肉上市的新創公司開了一槍，暗示著邁向市場之路將會十分漫長及艱辛，甚至會比心急的矽谷企業家們預期的更漫長、更艱鉅，因為政府選擇用懷疑的態度看待他們的產品。

艾拉的廂型車駛過阿姆斯特丹市中心，她的朋友寇特．范．曼斯沃特（Koert van Mensvoort）正在一個公車站外等她。曼斯沃特除了熱烈支持細胞培養肉的概念之外，他也和幾個人出版了一本食譜，記載了許多概念性且只有靠細胞培養科技才能成真的古怪菜餚。例如「楓糖煙燻實驗腿排」，這道菜將腿排重新想成長長的圓柱，可以將細胞培養羊肉切成圓形厚片。還有一道「烤猛龍」，這讓人們有理由相信，只要有合適的細胞，人類有天將能吃到史前恐龍的肉。書中還有張令人全身發毛的圖片，是浸泡在威士忌裡的肉塊，上頭插著小牙籤，每根牙籤分別貼著不同明星的照片，包括肯伊．威斯特和麥莉．希爾斯的。而這張圖旁邊的描述寫著「人們將產生一種新的偶像崇拜方式——吃進偶像的細胞」。

這天晚上，他愉快的神情與艾拉的態度正好相反。她的雙眼直直盯著前方，雙手緊握方向盤，徒勞地試著忍住眼淚，在夜幕中載著我們往阿姆斯特丹邊界前進。

「他們闖進NEMO博物館並指控他們買了非法肉品。」她向我們解釋道，話中帶著強烈的不甘心。

「啊，真的嗎？所以他們真的想來硬的啊。」寇特回答。這句評論在沈默的空氣中停留了好一陣子。

「他們不太友善，」她說，「他們到現在還會攻擊這件事，這真的讓我很難過。」

她將車子開上漆黑的高速公路，為我們指出贊丹那間老餐廳的方位，泰翠克就是在那裡賣了一磅的肉給保羅．里塔克。接著，道路緩坡下降，駛入NEMO博物館下方的地底隧道。艾拉指著建築外圍的一間角落辦公室，那裡是泰翠克幾週前成功把肉賣出的地點。

「對我來說，這真的很難接受，因為在我父親的觀點裡、在我的觀點裡，我們已經準備好了。」她解釋道。「荷蘭正在錯失這個機會。我原本很開心，以為我終於找到了一個可以讓這一切實現的好地方。」

寇特樂觀地開口了。

「我認為這是一定會遇到的難關，勢必會拖慢我們的進展，」他說，「但我們要感到驕傲。」

接著，我們開到了路邊的停車場，艾拉把車子停進一個狹窄的停車格裡，然後熄掉引擎。我們三人下車，走進黑夜之中，被三月冰冷的空氣所包圍。我們沿著蜿蜒的小路，走向矗立著好幾個傳統風車的贊河河岸。我把大衣的拉鍊拉上，將圍巾綁得更緊。高聳的風車在黑夜中顯得特別可怕。它們就像是夜晚的守門人。只有淡淡的月光照在外牆上。除了我們的腳步聲，四周安靜到近乎死寂。艾拉吸了吸鼻子。我們的呼吸在空氣中形成白煙。

她望向贊河黯淡的水面，水流朝南流向阿姆斯特丹的出海口。艾拉對我們打了個手勢，示意我們朝不遠處的一座木造建築前進。它的窗戶透著光，看起來既溫暖又開放。那裡就是「黑鯨的希望」。

我們計畫在那吃晚餐，在看見那間餐廳時，艾拉心中再度燃起了對荷蘭政府的怒火。她溫柔的聲音消失了。一切都危在旦夕——氣候變遷、《巴黎協定》才正式生效一年多、每年還有數十億無辜的動物死去——她的政府怎麼會是第一個打壓細胞培養肉上市的政府?艾拉表示，如果政府可以表現出支持的態度，這將對其他國家傳達出強而有力的訊息。

「讓他們知道我們曾經是個強盛的國家，現在也還是個偉大的國家。」她說，同時踢開腳邊的碎石子。

要將高科技新食品引進歐洲大陸的市場，本來就不是非常容易的事。在這裡，烹飪的傳統塑造了土地的法則，因此各國都狂熱地守護著自己的傳統美食。歐盟委員會有權決定這些產品該怎麼上市，以及這些產品在二十七個會員國裡該取什麼名字。事實上，在荷蘭的食安管理局中止泰翠克的計畫之前，歐洲早已針對「新型態的傳統食物」展開了火熱的爭辯。

二〇一七年，德國農業部部長克利斯提安．史密德（Christian Schmidt）全面禁止了諸如「素咖哩香腸」（用植物性原料製成的香腸）這類的字眼。他表示，這種不是肉品的替代品只會讓消費者感到困惑。這樣的爭執在接下來的幾年間變得更熱烈，而布魯塞爾的政府官員總是需要想出各種回應。

我們朝餐廳走去。這裡的所有東西，包括高級的白色桌巾、質樸的橫樑天花板，都是荷蘭歷史的一部分，從菜單上的食物，到鑲嵌在牆上、貴重的藍白色代爾夫磁磚，無一不是。

老闆保羅．里塔克在前門迎接我們。他已經聽說了艾拉的壞消息，也知道政府正式阻止他成為地球上第一個販售並料理細胞培養肉的餐廳。他帶我們穿過建築物的走廊，和我們分享這裡悠久的歷史。我們的頭頂上掛著一支致命的長魚叉，那是以前用來獵殺鯨魚的工具。

餐桌上的氣氛也是一樣陰鬱而沮喪。艾拉、寇特和保羅把當天的事件重組了一遍又一遍。食安管理局來過餐廳了嗎？還沒。他們會來沒收里塔克冰在冷凍庫裡的培養肉嗎？他不會讓他們得逞的。

當少數人面對政府不可抗拒的權威，尤其是政府不透明的系統和官僚內部運作的方式時，就會產生這類的焦慮。到底是誰告發了NEMO博物館？現在該和誰聯絡？有沒有辦法改變政府的心意？

談著談著，似乎出現了兩種選項：他們可以配合政府的遊戲規則，花好幾年的時間和政府溝通、堅持立場、請求監管機構為了更宏大的目標採取行動；或者，就像艾拉在盛怒之中所計畫的那樣，總有公民不服從這條路可以走。

他們一起腦力激盪著繼續前進的策略。也許，他們可以抗議，或是舉辦公開的宣傳活動；也許，艾拉可以在家裡非法製造培養肉，明目張膽地無視法律。

「我是威廉・范・艾倫的女兒，」她說，「我想全世界都會理解我的動機。」

不過，也許不會。

好幾個月後，在二〇一九年四月一日，歐盟的農業委員會將頒布一道命令，禁止純素製造商、純素肉品業者和乳製品替代品公司使用「漢堡排」、「牛排」和「牛奶」這類的宣傳詞。如果細胞培養肉製造商想試試歐洲對他們產品的水溫，那絕對是接近冰點。

要說這一切對細胞培養肉在分子層面上到底是不是「真的肉」的爭論會產生什麼影響，現在還說不準，但歐盟裡的農牧業者們所採取的政治行動並沒有緩和下來的趨勢。也許這會被貶為貿易保護主義，但現狀還是無法撼動的。對於想要在肉製品產業中分一杯羹的純素或素食新創來說，這是個極大的挑戰，而如果他們想要競爭，他們就得更有創意一點。

那如果JUST乖乖地跑完申請流程，讓他的產品作為特殊食物販售呢？我問。畢竟，只要他符合了歐盟的必要規範，未來泰翠克不就能在荷蘭這片土地上販售公司的肉品了嗎？

「喬許不會提出申請的。」艾拉悶悶不樂地說。

「荷蘭錯失了這個大好機會。」她重複道。她很清楚泰翠克希望盡快讓肉品上市，所以他會放棄荷蘭夢，把精力放在別的地方，並把至少會耗時兩年的申請流程推到待辦事項的最後一項。

我回憶著我和艾拉的對話。荷蘭當局如此突然且不友善地打斷他們為了讓細胞培養肉首次上市所做的努力，這對她來說是種情感上的打擊。她進退兩難，不知道自己是該放棄父親的遺願，還是加倍努力，另闢蹊徑。

從阿姆斯特丹飛回美國的幾天之後，我打了通電話給她。讓我驚訝的是，當電話接通時，我發現她的聲音高昂而輕快。原來，我正好在她策劃會讓自己入獄的計畫時打給了她。她這麼做的目的，一部分是為了吸引大眾關注細胞培養肉。

她說自己很樂意，甚至渴望自己因為「在自家廚房非法製作細胞培養肉」而被抓。她甚至聯繫了日本的IntegriCulture公司，想從他們那裡取得一臺孩童用、微波爐大小的新型機器，讓她製作非常原始、完全不成形的細胞培養肉。

重點是反抗的行動，她說。

她的點子讓我十分錯愕，但並不是因為她的熱忱。不，她對這使命的執著顯而易見。但是她訴諸強硬純素主義者所採用的激進策略，與泰翠克這類的純素企業家試圖帶來改變的方式相去甚遠。也許她覺得自己被實用主義拋棄了。

「我想喬許已經忘了荷蘭，也不覺得這裡會有什麼改變了。」艾拉說，聲音裡充滿失望。

幾週後，我去了JUST的舊金山總部和泰翠克見面。的確，他已經從這場失敗的荷蘭交易中走出來了。他把這件事失敗的原因看得非常淡。這對他來說已經成為歷史了。

「他們明確地認為，細胞培養肉屬於新興食品的範疇，所以按照他們的說法，這意味著如果這項產品不是在一九九七年以前上市的，它就是一種新興食品，」他說，「即使細胞培養肉被允許在贊河河岸那家歷史悠久的餐廳供應，以規避法規的方式將產品置入荷蘭的食品體系，可能本來就行不通。」

他已經在思考別的可能性了。阿姆斯特丹已經是過去式了。他和新加坡的監管單位見過面，甚至開始和當地的餐廳溝通，想了解那裡有沒有機會發展相同的概念。顯然泰翠克已經放棄在威廉．范．艾倫的故鄉讓細胞培養肉首次上市了。這是個艱難的決定，卻是基於商業考量而不得不做的事。

同一時間，JUST把大部分販售細胞培養肉的精力，都放在世界的其他角落，該公司撒下了一張巨大的網。公司的發言人安德魯．諾伊斯（Andrew Noyes）甚至提出了一個想法，說可以把細胞培養肉放在一艘船上，然後載去國際海域，這樣國內的食品法規就無法管轄了。

泰翠克原本希望讓細胞培養肉在二〇一八年年初上市。隨著計畫失敗，以及更全面的法規障礙明擺在眼前，似乎也不太可能在二〇一八年年底前上市了。他還不知道這個點子在美國會受到怎樣的管制，而他正積極地與亞洲各國的政府聯繫，包括新加坡、香港和阿拉伯聯合大公國，努力尋找潛在客戶。

細胞培養肉的研發對於任何進入這個小領域的人來說，無疑是一個重大挑戰，但是真要說的話，和國際監管機構正面迎戰才是真正的考驗。

第六章　不受拘束

他記得自己的手指是怎樣握住球棒，也記得球棒是如何微微浮在他未發育完全的肩頭上。泰翠克使盡全身力氣，將球棒往空氣中推送。

揮棒！

回到原位。

揮棒！

球棒在空中劃過，迴旋到他身後。後方一位和他身材相仿的同學站在那裡看著他，那是有著薑黃色頭髮的喬許．巴克，他帶著少年般的微笑向前走去，調整泰翠克的姿勢。那個微笑直到今天都沒變過。

泰翠克的日子向來不輕鬆。他在阿拉巴馬州伯明罕一個混亂的家庭中長大，他的母親是一位理髮師，父親則做了一堆奇奇怪怪的工作。他們常常付不出房租，因此得不斷搬家。直到他十三歲為止，他們已經搬過十四家了。每一次，他們都得應付新家、新朋友和新的困境。

泰翠克的父母在他九歲時離婚，但仍然試著維持這個家的完整性。四年後，他們甚至一起搬去伯明罕北邊八百七十多英里遠、賓州費城的韋恩。

「爸媽一起搬家只是想要盡可能讓這個家完整。」泰翠克回憶道。

作為學校的轉學生，他試著和其他人聚在一起。一整天的課結束後，學校的鐘聲響起，拉德諾高中的大廳便突然充斥了數百名奔忙的青少年，他們所帶來的焦慮和活力，在置物櫃與大樓的三個前門之間迴盪，氾濫地流進費城周圍廣闊的郊區風光。

在匆匆趕往主建築附近草皮區的眾多學生中，泰翠克也是其中一員，柴油煙雲瀰漫的黃色校車隆隆作響，等著接他們回家。那附近有一座忙碌的棒球場，許多學生在等待校車時，總會聚集在本壘板附近，練習揮桿打發時間。

那一天，就在他的球棒揮出去的那一刻，他遇到了巴克。就這樣。對運動的熱愛和友善的姿態為他們的友誼奠定了基礎，並持續到兩人成年之後。當時，這正是泰翠克所需要的。他渴望成為老鷹隊的後衛。巴克則決心為芝加哥小熊隊投球。巴克家養的聖伯納犬，赫克托・維拉紐瓦（Héctor Villanueva），其實就是以小熊隊的替補捕手和一壘手命名的。

我看到了一張泰翠克和巴克高中時期的照片，刻畫了兩個男孩之間的羈絆，展現出兩人友誼演變的過程。泰翠克穿著灰色背心，露出上臂，看起來憂心忡忡，似乎正對著一個青銅擴音器，朝著照片邊緣豎立的馬戲團帳篷大喊。真正的主使者在他身後。背景中的巴克幾乎沒有聚焦，隱隱約約地微笑著，令我不禁懷疑是他以某種方式策劃了這整個場景。

我的猜測幾乎是對的。

「我會說，這張照片基本上道盡了一切。」泰翠克告訴我。「這個就是我，雖然體型判若兩人。」

他點了點照片中巴克的頭。

「但這個微笑，基本上說服了我做這件事，」他說，「他大概是用某種方法深入了我的大腦和內心，跟我說：『來吧，想辦法說服大家不要靠近馬戲團。』然後對我微笑，他的樣子就像是在說：『我全都安排好了，我制定了策略。』」

泰翠克會如何用一個詞來形容他自己？

不受拘束。

當我問他時，這是他想到的第一個詞彙。這並不是人們期望價值十億美元的公司執行長該有的特質。但泰翠克自認的漫無目標以及對某個錨點的追求，正是他會接觸純素主義，並決定成為行動主義者，以及成立公司的原因。這也是他決定讓自己的公司除了開發植物性食品，也要跨足細胞培養肉類領域背後的原因。

但是，在完全了解他的計畫細節，也就是向世人介紹一個未知的肉類未來之前，人們首先必須知道，究竟是什麼把泰翠克帶到了這個特殊的位置。因為實際上，很多事情和他無關。

喬許．巴克在喬許．泰翠克最需要朋友的時候進入了他的生命。當時的他不只需要一個人陪他度過難熬的青春期，更需要一個人讓他投注信仰。他需要一個可以景仰的對象，好幫他相信自己在這個比他更大的世界中也能有一席之地。他們一開始是透過運動產生連結，但隨著友誼的進展，他們的對話也變得更有深度。泰翠克一直都很愛動物，但如果只靠他自己，他會不會成為動物解放運動中的一員，或者扛起行動主義的重擔，那就很難說了。

青少年時期的那個下午，站在馬戲團外抗議的舉動，大概是泰翠克投入動物解放運動的第一步，但也許更重要的是，這件事在他容易受影響的年少時期給了他歸屬感。巴克是他的換帖兄弟。泰翠克認為高中時期，他待在巴克家的時間比在自己家的還要多。

他們形影不離。他們一起踢足球和打棒球，並花了很長的時間討論人生的意義。他們有時會前往巴克家附近的好萊塢影音出租店，租借摔角或NBA過往球賽的錄影帶。也就是在那裡，他們接觸到了後來促使他們踏上為動物發聲之路的錄影帶。

「那卷錄影帶就只是躺在架子上，」泰翠克回憶道，「我們心想：『這是什麼啊？』」

充滿雜訊的畫面終於進入了令人髮指的畫面。有個人躺在臨床手術室中心的手術臺上。一群身穿長袍、戴著面具的醫生圍著這個人。鏡頭特寫這個人的心臟：鮮紅，在燈下閃閃發光，並隨著外科醫生的戳刺快速地跳動，越來越快。接著，器官發出了最後的嘆息，然後停止跳動，只聽見背景尖銳的嗶聲，以及醫院設備緩慢的低吟。畫面轉黑。明亮的深紅色字體浮現在畫面上，秀出這部有點變態、鮮少人知道、一九七八年的恐怖片片名：《死亡真面目》（Faces of death）。

這部電影的創作者化名為柯南．勒克萊爾（Conan LeCilaire）。他告訴《衛報》他之所以選擇這個名字，是因為它在法語中的意思是「殺手柯南」。當這部電影在影音出租店上架時，對於好奇的青少年特別具有吸引力，因為錄影帶的包裝盒上宣稱「這部電影在四十個國家／地區禁播！」（實際上只有少數幾個國家禁播）。即便如此，它確實做到了其所宣稱的嚇人程度。如今，許多在政治舞臺上十分活躍的純素主義者，都說是這部電影促使他們成為了激進主義者。

螢幕又跳回人體的畫面，這次是在停屍間。死者的手指和腳趾因自然萎縮而變得和粗糙的樹枝一樣扭曲。一名殯葬業者開始切開其中一具屍體。我忍不住在黑暗中伸出手，將電影快轉十分鐘。現在，迎接我的是兩隻公牛在鬥毆的畫面。

「這些動物對生命的理解只有一種方式，牠們被人類訓練成要自相殘殺。」旁白說道。接下來，是羊和牛群在風光明媚的草原上吃草的畫面，然後鏡頭很快轉移到羊被電擊針電死與牛的脖子被割開的影像。

「西方文化開發出超級殺戮機器來餵飽飢餓的世人。」旁白繼續說道。「那就是屠宰場。」

對坐在電視機前的青少年們來說，這是對死亡真相的驚鴻一瞥，將我們通常會迴避的殘酷現實赤裸裸地攤在眼前。

這在兩位男孩的腦中留下了烙印。正如他們今日所言，死亡的概念十分抽象。但是像這樣以如此強烈的對比看見死亡，以如此殘暴的方式看見生命消逝，揭開了通常包裹著這些真相的神祕面紗。

對泰翠克和巴克這兩位正在探索純素主義的孩子來說，這帶出了一個非常直接的問題：「為什麼總有生命要死去，就為了讓我們活著？」

高中畢業後，巴克去了位於賓州斯克蘭頓東北的基斯通學院，並在畢業後搬到了華盛頓特區。某天，當他在街上散步時，碰巧經過美國人道主義協會

（HSUS）的國家總部。他走進去，滿心以為自己會看到許多動物，但很快地發現這裡其實是一群穿著西裝的人（其中許多人是律師）努力推動保護動物運動的中心。他打聽了那裡在進行的工作，沒多久就開始在政府事務部門當起了實習生。在那之後，他就一直在那裡工作，而最近的一項任務，是試圖說服世界上最大的幾間食品公司改用無籠雞蛋。

相反地，泰翠克選擇去西維吉尼亞大學，他在那裡讀了兩年半，後來轉學到紐約伊薩卡的康乃爾大學。二〇〇四年獲得學士學位後，他被密西根大學法學院錄取。他對法律並沒有特別感興趣（他還是不知道自己想做什麼），他說當時只覺得去考個入學考，讀個法學院也沒什麼損失。他認為那也許會為他提供必要的技能，可以用來推動世界產生正向的改變。

「我在密西根讀書的時候去了一趟肯亞，」他說。「我的法學院討厭我，對他們來說，那段時間真的很挫敗，我基本上就是在法學院時才意識到，我真的不想讀法學院。」

不過他還是拿到了法律學位，然後回到非洲，與賴比瑞亞政府一起為聯合國的專案工作了幾年，好幫助這個國家找到能夠解決社會和環境問題的企業，並建立稅收優惠機制來吸引他們到賴比瑞亞投資。他也在南非和肯亞待了一陣子。在非洲的這段期間，泰翠克進行了很多社會正義專案，包括努力解救街頭的雛妓，並幫助她們就學。他也曾短暫參與過一個名叫「不只是我」（More Than Me）的教育慈善機構，但在泰翠克離開後不久，這個慈善機構就因共同創辦人被指控虐待學生而遭受了廣大的批評。

即使再有意義，這一切也是抽象的工作。儘管泰翠克相信自己所做的事情很有價值，卻不是他渴望的那種需要身體力行的工作。泰翠克將自己與巴克（自己永遠的模範）比較了一番，意識到他在做的事情是多麼地令人難以滿足。當他在聯合國官僚的複雜結構和經濟政策中苦苦掙扎時，巴克卻是一名動物維權人士，擁有一個具體目標，那就是說服食品公司採取更多動物友善的行動，包括從籠養雞蛋換成放養雞蛋。巴克不僅獲得了實實在在的成就，在同行中也逐漸被視為重要人物。

「喬許真的在做有意義的事，我卻把這些時間都耗在非洲，試圖找到積極可行的事，某些人們可以度量，我可以見證的事。」泰翠克說。「白紙黑字寫下的事感覺是很棒沒錯，但是對我來說，和非營利組織以及國際機構共事的經驗並不愉快。」

泰翠克在二〇〇九年回到美國，並在維吉尼亞州里奇蒙一間名叫米蓋爾・伍茲的律師事務所上班。他有自己的辦公室，還有一位助理。儘管有這麼多好處，他在上班的第一天就覺得自己來錯地方了。他的助理帶他去辦公室，然後關上門。泰翠克立刻覺得自己好像得了幽閉恐懼症。

他打開門，朝著助理的座位前進。他問：「我可以把工作帶到附近的咖啡廳去做嗎?就在路口那邊?」

助理看了他一會兒，然後一本正經地說：「不行，這是你第一天上班。你不能把這堆東西帶到咖啡廳。」

他回到辦公室，關上門，立即感受到自己決定在律師事務所工作為他帶來的重量。

「就算這份工作客觀上來說對世界有益，實際上，客觀上來說是有害的，但就算它無害好了，我就是做不來。我應付不來。他們看待事情的方式太單一了。我知道自己是非常糟的律師。」

把自己關在維吉尼亞一間知名法律事務所裡，很明顯是走錯了路。事務所很快也發現了這一點。二〇〇九年三月，他為《里奇蒙時報》寫了一篇標題為〈你也能拯救地球〉的社論，其中某句話宣稱有七百億隻動物「在工廠化農場的高牆內遭受既殘忍又不人道的對待」。

這件事有個小問題。米蓋爾．伍茲事務所承接史密斯食品的業務，而這間跨國肉品加工公司在二〇〇六年就處理了大約二千七百萬頭豬，並製造出六十億磅的豬肉。在那之後，泰翠克很快就被解僱了。但他走得很開心。

在這段時間，他一直都和巴克保持著聯繫，與他一起思考自己能扮演什麼樣的角色，以幫助他擁有喘息的空間，並減輕他因為找不到方向而產生的焦慮感。

「我想他在我身上看見了某種潛力，但卻沒有發揮的管道。他第一次見到我的時候，我是有地方發揮的，就是棒球場，或是美式足球場。但等我們都長大了，他知道我並不想在人道主義協會工作。所以到底該拿我怎麼辦？到底該把這傢伙擺在什麼位置?」泰翠克說。

泰翠克還是對動物解放與維權運動很有興趣。問題是,他之所以會離開賴比瑞亞、南非、肯亞,就是因為親眼見識到了非營利組織是如何一再地證明他們無法解決真正需要被解決的難題。

「我們一直在提出這個錯誤的選擇:你可以在非營利組織工作,做很多好事,完全賺不到錢;或者,你可以在一間公司工作,什麼好事都不做,但或許你能夠捐款。」

他心想,也許他應該真心地擁抱資本主義。

「這比較適合我。」他說。

所以,在高中畢業十多年後,他發現自己身處於一個陌生的城市,睡在洛杉磯一間不屬於他的房子、一張不是他的沙發上。他借住在大學時期的前女友吉兒.韓德斯基的家,兩人至今還是很親近。當時的他快三十歲了,有一份很亮眼的履歷,卻依然像個無拘無束的人,漫無目的地度過了二〇一一年,並且被困在一團迷霧中,不知道到底該拿人生如何是好。

在採光良好的客廳中，他和他的狗坐在一起，思考著下一步該怎麼辦。理論上，他絕對是有成就的，但這些事情加總起來，卻無法對他產生任何意義。他還是坐在朋友家的沙發上，毫無方向，不知道接下來要往哪裡去。

「我的問題並不是經濟上的，更像是『我到底該拿人生怎麼辦？』」他告訴我。「我試著在非洲工作，但卻和我想像的不一樣。我做了這麼多嘗試，我以為那些都是有意義的。」

在一次偶然的機緣下，當時已經是美國人道主義協會副總裁的巴克，在前往加州出差的途中順道去看他。

「喬許，我還是不知道我想做什麼。」泰翠克說。

泰翠克童年時期的朋友已經是他所致力的領域中成功的代表了。他孜孜不倦地引導人們將籠養雞蛋改為放養雞蛋，好改善母雞們的生存條件。巴克和許多公司合作，包括沃爾瑪、通用磨坊、克羅格和麥當勞，讓他們改變自己的供應鏈。他參與了州內的投票活動，以創造政治動力和立法改革。這使他贏得了動物維權人士的尊重。

「聽著，」巴克對他還在掙扎的朋友說道，「你真的得開一間公司。我們真的得開公司，才能找到方法來摧毀部分的工業化農業。你要不要從雞蛋開始？」

事後回想起來，泰翠克才意識到巴克這個提議有多諷刺。畢竟，巴克從來就不是特別有企業家精神的人。他從來沒有打造過成功的公司，也沒有很強的合作感，他是一個十分非營利的人。然而，巴克突然接受了這樣的一個概念：純素主義者手中的資本主義，也許會是個有力的工具，可以用來對抗他們兩人想要改變的市場壟斷。

這個點子對泰翠克來說一點也不陌生，事實上，他已經醞釀好幾年了。在那篇命中註定的《里奇蒙時報》社論中，他也如此寫道：「這個世界目前最大的需求，同時也是龐大的機會，你可以投入你的力量、找到人生意義，還能賺錢。」

二〇一一年十二月十一日，這兩個男人創辦了JUST，這間在車庫裡營運的公司，而它最初的產品是一系列植物性調味品，包括不含蛋成分的美奶滋。當時，這間公司的首要目標是打擊雞蛋工業，希望最終能創造出一種植物性的液態蛋替代品。

打從一開始，巴克就完全不插手。至今，他也沒有任何持股，但他總是知道JUST內部的運作狀況，因為他幾乎隨時都在和JUST的執行長泰翠克聯繫。

回首過去，泰翠克將公司的誕生全部歸功給了巴克。

「如果不是他，這間公司根本不會誕生。」泰翠克說。「是他有了最初的點子和概念，然後推了我一把，全都是他的功勞。」

泰翠克和大多數緊張的矽谷新創企業家做了一樣的事。他召集了一個小團隊，製造早期產品，並用他私人的時間去拜訪潛在投資人，希望有人能幫助他新成立的企業茁壯成長。

有那麼一小段時間，這樣似乎就足夠了。JUST的工作和願景吸引了矽谷許多創投公司的注意。

這間公司最終獲得了不少關注（當然也有一定程度的臭名），因為它推出的植物性調味品和餅乾麵團噱頭十足。但在草創初期，他們的目標就只是創造純素雞蛋替代品。這個目標格外具有吸引力，因為大眾對於籠養雞工業的重視，以及各種改革運動都在逐漸增加中（多虧了巴克的努力）。泰翠克向潛在投資人所提出的問題簡單又直接：如果能夠找到和雞蛋一樣便宜又一樣好的替代品，還不用傷害動物，人們為什麼會不接受呢？他相信這行得通，並說服了正確的人，讓他們認為他就是將這個點子帶到市場上的不二人選。

泰翠克提出的產品推銷詞確實夠引人注意，並為公司從科斯拉創投那拿到了五十萬美元的種子基金。科斯拉創投由億萬富翁維諾德·科斯拉所創辦與經營，他曾是昇陽電腦的共同創辦人，以及凱鵬華盈創投的前合夥人。之後，泰翠克將從科斯拉那裡募到更多錢，使科斯拉成為JUST最主要的投資人，以及影響公司走向的主力。他也說服了許多大咖，像是Paypal和Palantir的共同創辦人彼得·泰爾，以及salesforce.com創辦人馬克·貝尼奧夫來投資。

與此同時，泰翠克也得到了來自海外的關注。在香港，商業大亨李嘉誠和周凱旋以可觀的資本資助了許多有前途的科技新貴。這兩人花了多年的時間監管龐大的產業鏈，從運輸、房地產、金融服務、零售以及能源和公用事業服務中獲取資金。周凱旋是一位眼光敏銳的商人，為一家亞洲手機網路供應商提供豐厚的資金。李嘉誠則是一位神祕的大亨，他的名字經常在亞洲最富有商人名單中名列前茅。他的財力主要來自塑膠製造、房地產和零售業。這對香港組合（周凱旋將他們的關係比喻成桑丘和唐吉軻德）據傳身價超過三百億美元，並且對於崛起的新勢力十分敏銳。他們也是最早投資Slack和Facebook的其中兩位投資人。他們一起經營維港投資，並透過一個當時並不在食品工業裡工作的人聽到了JUST的風聲。

事實是，如果JUST的兩位創辦人沒有幸運地遇上新加坡的巫松尼（Sonny Vu），這間公司也許永遠沒有見世面的那一天。巫松尼是一位十分注重健康的企業家（他每天要吞四十顆營養品，還自稱是超級食物粉的行家），並在穿戴式科技領域中十分聞名。巫松尼為這個小公司與維港投資牽了線。

當巫松尼第一次聽到JUST時，他便對這間新創公司的野心感到驚嘆不已。周凱旋也是。「她其實隔了一個星期就直接飛過去見他們了。」巫松尼說。

在打過照面後，一切就悄然無聲了。巫松尼說他沒有聽周凱旋提起這場會面的事，JUST也沉寂了至少五個星期。

「然後我就看見李董事長和喬許站在一起做炒蛋了，」他回憶道，「我從沒見過有人可以在六週之內募到兩千萬美元的。」

這是真的。巴克和泰翠克安排了一趟旅行前往香港。從飛機降落的那一刻起，一切都變得十分瘋狂。他們走下飛機的時候，就意識到他們已經踏進了鏡中世界，這裡的人們都說他們對JUST的純素計畫十分感興趣，而且打算有實質的作為。這裡的人都對亞洲最有錢、最有影響力的商人所投資的新創公司充滿了好奇。

「這感覺就像是看著小賈斯汀走下飛機。」和巴克一起在美國人道主義協會工作的好友、同樣也是純素主義者的保羅．夏皮羅（Paul Shapiro）說道。

令人想像不到的是，這些民眾是用接待搖滾巨星般的熱情在迎接兩位製作純素美奶滋和純素蛋的中年男子。

「我們被手持相機和手機的人團團包圍，閃光燈閃個不停，好幾支麥克風直接塞到我們面前。」巴克回憶道。

香港記者和美國記者問著一樣的問題，非常好奇這些打算要取代傳統肉品和乳製品的食品，會對環境產生多大的影響。它們還要多久才會成真？這些新興食品科技又要多久時間，才能真正對主宰食物鏈已久的畜牧業產生真正的威脅？

JUST所引起的話題性，使它成為矽谷第一間、也是唯一一間食品科技術獨角獸公司。泰翠克找到了方向，並一心一意走在那條路上。但是，並非所有人都對他或是該公司熱情且急切地試圖破壞畜牧業系統的計畫感到興奮。

第七章　戰爭的藝術

和大多數的矽谷故事一樣，JUST一開始的總部，是設在舊金山第十街三百七十一號一間平凡無奇的車庫裡，距離公司現址只有一小段車程。當時公司的規模非常小。員工只有十五人。一間夢想宏大的小食品科技公司就這樣擠在市場南區的一個小角落裡。

二〇一四年的某一天，一封信寄到了他們手中。信件抵達時，小車庫正忙得不可開交。寄件者是聯合利華，全世界最大的食品公司之一。

信件內容非常有禮貌，但目的非常明確。聯合利華注意到了JUST的一項產品，一款稱為「Just美乃」（JUST Mayo）的純素美奶滋。這位食品巨擘聲稱該產品名稱違反了廣告法和標示標準，因為這款純素產品的成分並不含蛋。至於解決方案，聯合利華認為JUST必須改變產品名稱，還暗示了可能採取的後續行動。這封信在員工之間口耳相傳，使得小車庫陷入一陣困惑的沈默。房裡的氣氛開始恐慌了起來。從泰翠克的角度來看，這種反應再正常不過了。許多員工這輩子從來沒有在可能收到這種信的環境中工作過。

「在他們的想像中，世界上最大、最可怕的怪物要來吃我們了。」泰翠克談到他的員工時這麼說。整個公司都慌了。「『靠，他們要強制我們歇業啦。我們不能把產品這樣賣掉，絕對不行。我們一定要改名。』」

像這些應該要含蛋的產品，當你要製作它的替代品或是仿品，卻又要拿掉蛋的成分時，會遇到的問題就是很有可能惹怒專門製作這些含蛋產品的公司。而在食品發展的歷史上，成熟的品牌很少善待這個領域的菜鳥。這一點至少是很明確的，而泰翠克的小小團隊感受到了巨大的壓力。

泰翠克面臨了一個困難的抉擇。

他決定要堅守到底，自己回了一封信給聯合利華，並列出了他覺得這個產品不用改名的理由。他其實只有一個小小的前提能夠支持自己的論點。他提到政府對「美奶滋」（mayonnaise）一詞有特殊的定義，而這個定義中確實是包含了蛋的成分。但JUST賣的商品叫做「美乃」（Mayo），泰翠克表示，這是政府還沒定義過的詞彙。

聯合利華當然不可能就這樣讓步，他們開始對JUST祭出更具攻擊性的言詞。這位食品龍頭再度寫了一封信到泰翠克的車庫，這次威脅要對他們提起告訴，並且在二〇一四年的萬聖節真的這麼做了。

泰翠克又來到了十字路口，而且也許是他這輩子面臨過最重要的一個。如果他妥協了，一切也許就不會是現在這樣了。JUST這間公司也許根本就不會繼續保持「公司」的樣貌。

他諮詢了幾個人的意見，其中一個人還告訴他，他自己應該要知道，和聯合利華比起來，JUST只是一間微不足道的純素食品公司，他們不可能成功抵抗這次的攻擊。此時，他的產品還沒有非常廣大的通路；事實上，他的產品通常都是靜靜地躺在特殊食品行的貨架上，而不是在主流的大型零售商店裡。此外，與其和一間早已成熟的食品品牌抗爭，並承擔打官司所需的費用，他應該好好把這件事收尾，並讓他的產品物如其名：純素醬料。

但泰翠克無法接受這個主意。他說，儘管自己考慮了很多，卻總忍不住回想起自己的童年，這也成了他的理論基礎，他認為純素美奶滋和真正的美奶滋一樣，都有資格被擺在商店裡的貨架上。

「我腦中馬上浮現出阿拉巴馬州，」他說，「在那裡沒有人想要買純素美奶滋。一個都沒有。」

看著這場戲越演越烈的旁觀者，也許會認為這位年輕的領導人好有信心，而且對自己的原則和偉大的願景有著無比的堅持。這看法並不完全是錯的。但到頭來，他並不是自己得出這個結論的。想出辯護策略的人並不是他。事實上，這件事得歸功給另一個人（想都不用想就知道是誰）。他拿起電話，撥打了一組華盛頓特區的號碼。

「喬許，我們要怎麼辦？」

泰翠克總是公開宣稱非營利組織並不適合他，但他和巴克一起想到對抗聯合利華的策略，卻完全是來自非營利倡導團體與行動主義分子的戰術。他們覺得，如果一般民眾看見像聯合利華這樣的大公司，居然在找一個立意良好的小新創公司的碴，也許會為他們打抱不平。泰翠克認為，如果他站起來和聯合利華對抗，他和自己剛起步的小公司，如果夠幸運的話，也許會獲得比以往更好的機會。基本上，JUST需要採用的是與巴克服務的美國人道主義協會和善待動物組織相同的策略，只是變成將它們套用在商場上。這些組織利用請願書和媒體來發揮自己的優勢，那麼他們為什麼不能也如法炮製呢？他努力想讓自己的公司在晚餐飯桌上討論的故事中出演一個「小角色」。這麼做當然有風險。他和JUST公司也許能在民意中獲勝，但高額的律師費卻會將他們拖垮。

於是他們找了餐廳老闆兼美食評論家安德魯·席莫來為他們在Change.org上面創建、設計並宣傳了一個連署請願活動。這個請願活動叫做「連署終止霸凌永續性食品公司」，這場連署最終獲得了超過十一萬一千個民眾支持。「一個身價超過六百億的公司大動干戈，想要阻止一間為全世界著想的新創公司繼續發展，這種行為只能用四個字形容：『企業霸凌』。」連署內容上寫著。

連署書所引起的大眾關注，也吸引了媒體的注意。很快地，隸屬於CBS新聞、位於舊金山的KPIX電視臺，便為JUST做了一篇短短的報導，描述他們與食品界強大勢力的戰爭。

「不知道到底是為什麼，《德魯奇報導》挑中了這個新聞。」泰翠克說，經過了這麼多年，他還是對當時的事情發展感到很不可思議。《德魯奇報導》貼出的新聞直接導向了CBS新聞網，使這篇報導一夕爆紅。

同時，美食部落客也開始加入戰局。未來將成為美國植物性食品協會（Plant Based Food Association）執行長的米凱萊．西門（Michele Simon），說她在聯合利華對JUST提起告訴之後的一個月左右，就寫了一篇關於這場訴訟的文章。她將她刊登在EatDrinkPolitics.com上的文章連結寄給了在《紐約時報》食品產業部門工作的記者史蒂芬妮．斯特羅姆（Stephanie Strom）。

才過了一天，十一月十日，《紐約時報》便獻上了一篇文章給它廣大的讀者群，內容細數了聯合利華與JUST之間的恩怨。一星期後，美聯社也寫了一篇獨立的報導，而《紐約時報》又寫了另一篇報導。

「我還把《紐約時報》的報導表框起來掛在辦公室裡呢。」西門說。「這是我身為行動主義者的生涯中最有趣的經驗。」

泰翠克還記得，在接下來的一個多月裡，有一大批民眾湧進聯合利華的官方Facebook，留言抗議他們是怎樣對一間小公司趕盡殺絕。

「這件事情應該從來沒有發生過。」泰翠克說。「我們展開連署之後，大概過了三十三或三十四天，聯合利華就放棄訴訟了。」

對於在JUST工作的人來說，這是一個不得了的重要勝利。

他們學會了利用自身的弱勢來對抗一個龐大的外在威脅，藉此讓自己占了上風。他們也成功利用了當時才剛崛起的新興社群媒體工具，為JUST的願景創造了足夠的消費者興趣，順利打造出自我防衛的策略。

「在戰爭的藝術中，你要如何用敵人的優勢來反擊？」泰翠克思索著。「我們要怎麼扭轉那個局面？」

找出有效的策略來達到這個目標，就算不是靠他一己之力完成，這對泰翠克來說也是首要任務，因為他接下來還有許多場仗要打。

當泰翠克被聯合利華搞得暈頭轉向時，一個為了宣傳吃蛋有益健康的政府監管單位，正悄悄地計畫著要打擊這間初出茅廬的新創公司。但和聯合利華不同，美國雞蛋公會（American Egg Board）已經觀察JUST超過一年，他們早就準備了更狡猾的手段來對付泰翠克的野心。

＊　＊　＊　＊　＊　＊

第一封訊息是在夏日尾聲的某天下午三點三十三分寄出的。

喬安・艾維（Joanne Ivy）早就收到了許多農夫的抗議。所以在她打好草稿後，她就按下了「送出」鍵。也就是在二〇一三年八月二十日，命運之輪開始轉動，準備帶給泰翠克職業生涯中最艱困的一戰。

「我收到很多蛋農和雞蛋處理公司的郵件，都在抱怨這個產品。」艾維寫道。當時的她是雞蛋公會的會長與執行長。「我們認為也許該請愛德曼公司（Edelman）幫我們調查，以確認這項產品對雞蛋產業的未來而言，是不是個危機與主要威脅，並請他們提供一些建議，好應對這個狀況。」

愛德曼是全球營收最高的公關顧問公司。二〇一一年時，正是他們為英國梅鐸新聞集團爆出的竊聽醜聞提供危機溝通策略的。另外，在二〇〇〇年初時，他們創造了由企業自己出資、稱為「沃爾瑪員工家庭」的假團體，以用來優化公司形象。他們還代表泛加拿大公司發起了支持基石XL輸油管計畫的連署活動。

艾維同時也寫信給她的其他同事，向他們介紹JUST製作的無蛋美奶滋，以及謠傳JUST計畫在未來推出無蛋炒蛋產品的野心。這封郵件為這間年輕的純素公司點燃了為期兩年的戰火，使它不得不面對像是美國農業部與雞蛋產業遊說團體這類的巨大威脅。美國雞蛋公會甚至一度計畫要買通某人來遊說全食超市禁賣JUST的無蛋美奶滋。

「如果全食能站在我們這邊的話，想想這會帶來多大的公關聲浪。」雞蛋公會的行銷經理在另一封郵件裡寫道。

所以雞蛋產業裡的人們悄悄計畫並對JUST展開了全面性攻擊。儘管這波攻擊裡的強敵眾多，他們的策略最終還是失敗了。對抗聯合利華的勝利就像一劑強心針，因此當雞蛋公會的陰謀終於曝光時，只是再次讓民眾認為成熟的食品工業體系居然企圖用這些策略阻止新產品問世。美國雞蛋公會的小動作，是在資訊自由法的幫助下才得以揭發。透過這個法律所曝光的電子郵件，在在證明了一個價值五十五億美元的雞蛋產業，是如何堅決要摧毀一間純素新創公司。他們付錢給部落客，要他們寫批評JUST的文章，雞蛋公會的經理們有一度甚至在郵件裡開了這樣的玩笑：「我們能不能集中資金請人來暗殺泰翠克啊？」

「我還以為人們說這些食品壟斷的公司有多邪惡都是講講而已。」泰翠克說。「直到親眼見證了之後，我才知道，哇，原來都是真的。」

但所有想要摧毀JUST的策略都失敗了。聯邦調查員後來發現，美國雞蛋公會和美國農業部都越過了議會規定政府監管的農業團體該有的界線。

泰翠克帶領公司穿越了重重難關，盡可能地全身而退，同時吸引了越來越多消費者嘗試他所開發的植物性調味品。他用了五年的時間讓公司成長，並將銷售管道擴大至大型零售商店。二〇一四年，JUST的無蛋美奶滋進入了沃爾瑪、好市多、克羅格、一元商店、喜互惠，還有幾間香港的零售店。

儘管如此，還是不夠。對他來說不夠。

第八章　迷路的小狗

公司成立五年後的某一天，泰翠克站在廚房，雙手用力撐著流理臺的桌面。那時是二〇一六年四月。他怒氣沖天、哀傷、困惑。

幾個小時前，他在巴克、弟弟喬丹和朋友吉兒的陪同下，肅穆地前往多洛瑞斯公園。他們的主角是泰翠克養了七年的黃金獵犬傑克。長年為癌症所困的狗狗，將在牠最愛的地點度過生命的最後一刻。這個公園位於市中心，是個陽光充足、長滿青草的山坡。

他們帶牠在種植著墨西哥扇棕櫚和印度無花果樹的綠地上散最後一次步，然後在黃昏悄悄降臨時，來了一位獸醫。

巴克抱著傑克，讓獸醫往牠身上注射戊巴比妥（一種安樂死藥物），使牠噤下最後幾口氣，然後平靜地離開人世。

泰翠克很迷惘。他在自己距離舊金山灣只有幾條街遠的南公園路一號公寓裡生著悶氣，巴克則坐在寬敞的客廳中，靜靜地思索著。

「那是我人生中第一次失去重要的親人。這輩子第一次。」泰翠克說。「牠當時才八歲。對我來說，我一開始就像隻迷路的小狗。當我開始逐漸變成想要成為的人時，牠一直都陪著我。」

他用力撐著流理臺。

「我的人生是怎麼回事？」泰翠克想著。

從旁觀者的角度來看，泰翠克的人生確實有了重大的轉變，而且主要是好事。儘管聯合利華和雞蛋公會努力阻撓，他的經典純素調味品，包括田園沙拉醬和美奶滋，已經成為各大家庭中的常見品牌了。他的產品評價好得令人意外。

一個名為「認真吃」（Serious Eats）的美食部落格做了一次口味盲測，而JUST的純素美奶滋被認為比真正的美奶滋好吃。

「我們測試的五種美奶滋中，它的味道是『最平衡』的，醋和檸檬帶來的一絲酸味正好平衡了它濃郁的口感。」評論寫道。「如果他們家未來所有的產品都像這個一樣成功，那麼他們的未來無可限量。」

此外，廣播節目「美味上桌」（The Splendid Table）也對JUST稱讚有加。這個網站在評論中說，他們沒辦法區分JUST的植物性美奶滋和他們慣用的赫曼美奶滋的差別。

別人可能想不通，為什麼一位年輕執行長會在這樣的時刻經歷人生危機。但泰翠克正在面對一間年輕公司成長中必經的困難，同時也對自己所扮演的角色和自身能力極度沒有安全感。到底發生了什麼事？原來，這間公司正被醜聞纏身，而且和它的領導人高度相關。

在傑克去世前一年，關於JUST的負面新聞逐漸多了起來。二〇一五年八月，《商業內幕》雜誌對這間公司的僱傭模式提出了質疑。傑克死後幾個月，二〇一六年，《彭博商業週刊》也發表了一系列的文章，指稱這間公司誤導了投資人，並疑似演了一齣違法的產品購回戲碼，不實膨脹產品的銷售量。

像這樣的報導在灣區食品科技圈子瀰漫開來，造成許多人在背地裡議論紛紛。儘管其他的食品科技同業很少有人會把話說死，但不需要花太多時間就能看出，泰翠克在矽谷食品科技的某些圈子中並不是個受歡迎的人物。

「我覺得他失去了公信力。」二〇一八年的春天，米凱萊・西門這樣告訴我。西門曾撰寫過聯合利華對JUST提告的部落格文章。「喬許・泰翠克總是喜歡開空頭支票。」

寇特・傑塔（Kurt Jetta）是一位專門追蹤消費性包裝食品的分析師，他則將泰翠克形容成一位騙子，一個總是喜歡走捷徑且行為不道德的人。

「我的觀察就是這樣。」傑塔在二〇一七年六月對我說。「人們愛怎麼批評遭受到的批判都可以，但如果最終沒辦法回到道德的正軌上，一定會自食惡果的。」

所以在安樂死了自己的愛犬傑克之後，他陰鬱地站在自家廚房裡，不斷問著一個已經糾纏了他好幾年的問題：「我的人生是怎麼回事？」

哀傷使他的心境突然豁然開朗。他還能做更多嗎？他還能成就更多嗎？泰翠克再次轉向巴克，後者正靜靜地坐在客廳裡，思索著下午所發生的事。兩人開始腦力激盪。他們討論了幾個點子，其中包含了開發他們自己的植物性替代肉品：某種像是Beyond Meat或Impossible Foods的產品。但最後他們認為，狂熱的肉食主義者絕不會只滿足於植物性仿製品。

此時，巴克提出了一個問題：為什麼不考慮一下細胞培養肉的可能性呢？泰翠克立刻就接受了這個提議。這個點子使他靈感爆發。

「我們想要創造一個不需要讓動物來扛的經濟體系。」他說。「我們想讓資本主義為動物盡一份心力。」

他們已經在開發用植物取代特定蛋製品的產品原型，而且算是小有成就。但他們能有效地將領域擴張到動物細胞，進一步成功打造出更全面、更永續的動物性產品嗎？

和巴克談過之後不久，他便打了一通電話給專門研究細胞農業的非營利組織「新收穫」，和裡頭的幾位細胞工程師通話。這幾番談話最終使他僱用了艾坦・費雪，而他一開始的工作，是幫JUST評估他們究竟能不能打造並經營一個細胞工作實驗室。費雪提出的報告是肯定的，並接下了建造細胞培養肉實驗室的重責大任。這項工作一開始還是祕密進行的，全公司只有九個人知道。

泰翠克決定先保密，因為這對公司來說還是個未知數。這個計畫當然很有可能在六個月內完全失敗；但如果成功了，他希望在將它介紹給全體員工之前，先打造成一個有完整架構的部門。

這個祕密實驗室在一間原本作為大型儲藏室的房間裡運作了起來，裡頭塞滿用來儲藏細胞的冷卻系統、迷你生物反應器，還有讓科學家們檢視細胞在不同環境和液態介質中生長狀態的工作臺。現在，除了樓上新蓋的實驗室，這個空間至今仍然在使用，只是看起來更正式了。而在靠近門口的牆上，掛著一大幅傑克的照片。

泰翠克這一波靈感爆發無法完全制止那些批評聲浪，這些人透過矽谷的媒體，聲音變得越來越大，尤其是透過刊登在《彭博商業週刊》上的報導，他們更可以大肆宣揚，因為那裡是個讓前任員工離職後痛快批評前老闆的好地方。不過，這些攻擊大多是匿名的，沒有人能夠真的提出證據，說泰翠克的產品偷工減料，或是真的做了什麼傷天害理的事。

而在公司內部，泰翠克的管理風格也遭受了質疑。泰翠克承認自己並不是個天生的領導人。聽泰翠克的自述，他也怎麼看都不像是個隨和親切的老闆。

「我不知道這是不是因為我的成長背景，我真的不知道，但如果工作太平靜，我很快就會感到無聊。」泰翠克說。

「如果我們不把自己逼到極限，那一定什麼都做不好；但如果天天都太逼近極限，那麼人們的心智和身體會無法承受的。我認為這才是最具挑戰的地方：如何讓人總是身在恰到好處的極限？我覺得要找到平衡太難了。」

但「極限」並不是個讓人舒服的工作環境。過去幾年，JUST的員工就經歷了好幾次大換血。在我寫這本書的兩年間，光是細胞培養肉實驗室的員工就已經整批換過一次，兩位主要科學家也已經離開公司，創了自己的細胞培養肉公司（JUST為自己提出的辯護是，現在他們細胞培養肉實驗室中的員工，已經比以前多很多了）。而在線上求職者回饋網站，例如Glassdoor，也曾刊登出好幾篇抱怨泰翠克和他領導風格的匿名文章。

「JUST的風氣不應該變成常態，也不該拿成功的公司那些聰明且經過考驗的領導人來和他們比。」其中一位離職員工寫道。「在JUST裡發生的所有事，其實是非常病態的。我想我們都很清楚是什麼病。」

尖酸苛薄的評論繼續寫道：「我們之所以離開，正是因為喬許．泰翠克，他是個愛說謊、喜歡操控人心、臉皮薄、譁眾取寵、極度反動、無能的領導人，卻自以為能成為賈伯斯，而且每一天都讓我越來越覺得他像某個超愛發Twitter的總統。我們全都覺得，想要繼續當個正常人，又要每天幫一個騙子，這已經使我們產生某種認知失調了。」

後來，員工內心有所不滿的問題變得越來越私人了。二〇一三年時，公司的鬧劇因為一位名叫賈維爾．克隆（Javier Colón）被解僱的事而鬧得眾所皆知。根據《彭博商業週刊》的一篇報導，兩人之間的爭執點是因為喬許想要曲解合約上的字，好讓員工只拿到三個星期，而不是三個月的資遣費。克隆對此提出了不公正勞工待遇的訴訟，最後JUST選擇私下和解。

克隆似乎也捲進了泰翠克的私人恩怨，因為他和老闆當時的女友是朋友。根據那篇《彭博商業週刊》的報導，克隆的公司電話壞了，泰翠克便要他用另一隻公司手機。不過，克隆選的那隻手機裡留著可以證明泰翠克正在和一名員工曖昧的簡訊。克隆把這件事告訴了他那位正在和泰翠克交往的朋友。她氣得要求泰翠克開除那位和他上床的女員工，但他拒絕了，並在簡訊裡寫道：「科斯拉會宰了我，這場官司會鬧得很大」。

這裡的科斯拉當然是指維諾德．科斯拉，矽谷知名的創投公司負責人，也是JUST早期的投資人之一。就某方面來說，泰翠克的企業原罪大概就是討好科斯拉，這使他們快速成長，卻得經歷痛苦的過程。

當泰翠克第一次和科斯拉接觸時，他幾乎不知道要怎麼好好地經營一間公司，更別提在矽谷投資巨擘之間求生存的各種眉角。他說他的銀行帳戶裡當時只有不到三千美元，滿腦子只是希望能讓他和巴克的點子成真。從泰翠克的角度來看，這使得科斯拉在談判中完全占了上風。

他簽了一疊文件，裡面規範著他拿到投資的各種條件與規則。為了交換科斯拉的金援，泰翠克雖然會坐在公司董事長的位置上，但他要放棄JUST 40%的所有權，包括大部分的掌控權與在董事會中的代表權。

「他們可以僱用或裁掉所有關鍵的職位。」泰翠克說。

而他在虛線上簽了名。

從二〇一一年募到的第一塊美元開始，直到二〇一四年十二月時的C輪募資，他說科斯拉在這段期間中一直都擁有否決權，能夠從根本上改變這間公司。

「有時候，我們根本不知道自己正在為自己設下枷鎖。」他說。

泰翠克最終發現，科斯拉創投所擁有的權力大到一個「不」字就能迫使他服從。泰翠克表示，如果他想要帶領公司走向別的方向，他就一定得取得科斯拉的同意。舉例來說，如果他想要踏進細胞培養肉的世界，除非科斯拉創投或是其他的大投資人蓋下同意章，否則免談。這使他懊惱不已。

當我詢問科斯拉創投這個描述是否屬實時，這間公司表示反對。

「這從來就不是掌控權的問題。」科斯拉的共同創辦人兼JUST前任董事薩米爾．卡爾（Samir Kaul）說。「喬許一直都有掌控權。」

卡爾表示他確實有點擔心泰翠克的某些商業策略。舉例來說，當JUST剛成立時，卡爾說喬許的目標是製作出一種無動物性成分的調味品，好取代許多產品中的蛋，包括炒蛋，並想銷售至美國的大學餐廳。

「我們一起參與了一場座談會，然後我們散了個步。」卡爾回憶道。「我告訴他：『喬許，如果你不打算製作消費者產品的話，我們就不會再資助你了。』」

他說泰翠克改變了路線，很快就開始銷售他的第一批純素調味品。這個措舉被視為一場大成功。科斯拉也將他們視為一間穩定且安全的企業。投資人們認為JUST的未來一片明亮，也知道如果JUST被更大的企業收購，他們就可以大賺一筆。但泰翠克還是想要挑戰他們的底線。

泰翠克對於兌現和賺大錢沒有什麼興趣，他只是繼續推著公司成長。他的想法是，如果他不持續展開攻擊，就無法撼動現有的畜牧業。在創投公司施加的壓力下，他說他覺得經營一間小公司的難度似乎更高。他想要達到公司創立時設下的目標，為此，公司的權力結構需要藉由一些祕密的內部調整進行改組。二〇一六年八月的D輪募資時，JUST終於逮到了機會。

泰翠克說，他開始和香港一間由企業財團——包括中國建設銀行、新世界集團以及其他財團——組成的投資公司南豐集團接洽。這間公司願意為JUST提供大量資本，他們能使JUST的估值從一億九千萬美元跳到超過七億五千萬美元。

根據泰翠克的解釋，他與南豐所達成的協議重塑了公司的董事會，增加了由公司掌控的董事席次，使其超過了投資者所持有的。這樣一來，未來JUST的影響力便會超過投資人。即使科斯拉創投將在交易中失去部分掌控權，由於資金大量湧入，對所有相關人士來說仍然是個好消息。

泰翠克說，科斯拉創投得做出一個重大的決定。他們在JUST價值只有三百萬美元左右時就開始投資了，當時的協議使他們擁有大約40%掌控權。現在，許多年過去了，他們也推出了各種產品，南豐集團對科斯拉提出了一個耐人尋味的條件：他們可以選擇接受這筆資金（同時也意味著接受董事會的改組，減少他們對JUST的掌控權），或者他們也可以拒絕。同意這項提議代表他們要交出董事會大部分的席次。泰翠克說他相信自己可以在沒有科斯拉的同意下達到這個目標，但獲得他們的支持會使事情進行得更順利。

科斯拉決定同意。

這對JUST來說是極具紀念性的一刻，最終也使泰翠克能更輕易地改變公司的方針。在短短幾年之間，JUST就從一間設立於車庫裡的純素美奶滋製造商，搖身一變成了全面投入營運的食品公司。

「就是在那一刻，我們的公司跳脫了創投公司的掌控，真正回到了一群行動主義者的手中。」泰翠克說。

隔年，二〇一七年的春天，JUST結束了E輪募資，它的估值來到了十一億美元，成為矽谷唯一的食品科技獨角獸。

「我當然不可能賭他會失敗囉。」卡爾告訴我，並補充說他仍然對這位年輕的執行長充滿信心與尊重，也認為他有能力、有熱情、對目標十分積極。

泰翠克機敏地度過了這些早期的危機，但也付上了不少代價。驚人的募資與逐漸提升的估值，意味著會被更多人放大檢視。這間公司成了不少報導的主角，大部分的報導都是刊載在《彭博商業週刊》上的，這使泰翠克的形象變得越來越糟，其中一篇報導甚至包含了一個網路互動小遊戲，可以讓讀者朝他的臉砸虛擬的美奶滋。

這篇報導是根據一則匿名的傳聞所寫的，說JUST正在暗中進行違法的產品購回。報導指稱，泰翠克有一份名單，並付錢請人來買他的產品，好製造很有買氣的假象，而這篇新聞稿帶來了非常嚴重的後果。美國司法部和美國證券交易委員會對這篇報導感到很好奇，便對公司展開了獨立調查。兩個單位皆在二〇一七年三月結束調查，並表示這些指控都是子虛烏有。

對矽谷的生存法則以及媒體能對科技業造成的影響有所認識後，泰翠克成為了更懂得生存的商人，也更適應那些足以定義一間新創公司、錯綜復雜的法律行話了。對他來說，擁有經營公司的智慧很快就證明了極有用處。因為在科斯拉失去對公司的影響力之後不久，泰翠克就發現自己面臨了一場政變，差不多就是在公司結束第E輪募資的時候。這場政變，是由當時的技術長吉姆．弗拉特（Jim Flatt）、當時的研發部副理李柴（Lee Chae），還有當時的商務發展副理蘇菲亞．艾莉桑多（Sofia Elizondo）發起的。

「天知道是為什麼，他們決定要和至少一位董事會的成員，還有我們身邊的其他投資人合作，想把我們的組織管理文件改回C輪時的狀態，不是改變公司的估值，而是董事會的組成。」

簡單來說，這三位資深員工並不喜歡泰翠克領導公司的方針。而根據泰翠克的說法，他們密謀奪權。如果他們成功了，JUST也許會完全脫離泰翠克，也許會被併購，也許會轉而透過把JUST的技術授權出去來獲利，再也不行銷自己的產品。後來泰翠克向我澄清，這三位員工效忠的對象，並不是董事會中代表科斯拉創投的那位委員。

「我想他們並不相信銷售自家產品是最棒的經營方針。」泰翠克說。「他們顯然也不買細胞培養肉的帳。」

不過泰翠克也表示，他們確實提出了很好的論點。就某些方面而言，授權JUST的技術，並用另一個公司的名字來進行銷售，也許會比自己打造品牌、行銷、販賣食品更好。這樣做的話，公司可以省下不少錢。泰翠克說，這麼做也許他就可以從執行、財務、研發、製造團隊中開除掉不少人。要製造實體的產品會花掉一大筆錢，走授權的路線也許可以讓公司的財務負擔減輕許多。他們也許可以只用掉一百萬美元，而不是三百萬美元。

「不能接受的部分是他們的做法。」他說，同時向我描述他們是如何聯合投資人與董事會成員為他設了一個圈套。

然而，這三個人似乎沒有料到，他們的計畫會在成熟之前就被泰翠克發現。由於資訊（正確與不正確的都有）似乎正在從公司外流到媒體手中，泰翠克便在蘋果前任資安主管的推薦下，僱用了名為GRA的資安團隊進行全面調查，最後卻發現了完全不一樣的東西：他們找到了一封在三位員工之間流通的電子郵件，討論要怎麼把泰翠克趕下臺。

他們和JUST的投資人與董事會成員們安排一次又一次的晚餐與酒會，交換彼此的意見。

首先是一封二〇一七年三月的電子郵件，是其中一位員工寫給家人的。「我現在會這麼努力工作的其中一個原因，是因為我也許有機會獲得極大的收益。」

接下來還有幾封電子郵件，其中兩位員工開著和JUST未來有關的玩笑：

「等管理層換人的時候，你可能就得當執行長囉。」其中一人寫道。

「還有財務長和行銷長。」

「廁所呢？負責清理第三走道……喔還有第四……和第五走道。」

「首席清潔隊長啦。」

泰翠克氣炸了。他立刻開除了這三個員工，並要求其中一位董事會成員下臺。最後，整個董事會大改組，許多成員，包括歐巴馬前任行政官員凱瑟琳・賽伯樂斯在內，都選擇不當董事委員，而是以顧問的形式繼續留任。董事會終於成功改組，而泰翠克現在正以他未曾有過的方式掌握著公司的命運。

至於弗拉特、艾莉桑多和柴，他們三個人離開JUST後成立了名為Brightseed的公司，致力於利用機器學習深入了解植物的基因組成，以找出能用來滿足新產品特定需求的成分，就和JUST的「果園」系統差不多。

回想著這些困境、政府調查、傳聞與抹黑報導，泰翠克整個人緊繃了起來。

他坐在JUST忙碌的公司總部中央的一張沙發上。現在已經超過晚上六點了，公司裡卻仍然充滿騷動的人聲。人們還在座位上工作，廚師們則在公司的實驗廚房中忙碌，還有人走進細胞培養肉的實驗室裡。狗狗們也還在辦公室中奔跑。

「說起來有點難為情，人們好像非得透過瘋狂至極的事才會變得更深思熟慮、更成熟。這對我來說是必要的，真的，我就是得經過這些亂七八糟的事才會成長。」團隊似乎也因此而穩定了下來，或者至少和泰翠克的願景有所連結了。泰翠克說：「我覺得很自豪。我可以好好信任這些現在還留在這裡的人。」

這個事件成為了一個里程碑，將JUST推向下一個階段，使細胞培養肉成了公司的首要任務。但他準備好接受挑戰了嗎？

泰翠克如此渴望、如此積極地想成為第一個將這種新肉品推上餐桌的人，但卻不是這個任務的最佳人選。他不是賈伯斯這樣的天才，也不是傑夫・貝佐斯那樣的產業鏈大師，也沒有比爾・蓋茲那樣的願景。就算在他自己的圈子裡，他也缺少像馬克・波斯特和其他專家擁有的科學知識。

他有能力嗎？有。他夠執著嗎？當然。但他是這個新運動的最佳領導人嗎？不是。

這也是泰翠克最讓人好奇的一點。他從來沒有足夠的事業技能，卻創立並經營著矽谷最成功的食品科技新創公司。

可是這一點從來不曾阻止他繼續奮勇向前。當他覺得自己有目標的時候就會放手去做。他能達到現在這個位置，就是因為他不斷捫心自問生命的意義，他內心的某些機制會督促他去尋找新的方式來達成他的任務。那樣的慾望和動機是無法忽視的。此外，他非常會說故事，這也是使他與其他細胞培養肉公司的執行長產生決定性差異的優勢。

在荷蘭發生的大災難讓他學到「現狀是很難突破的」。但泰翠克仍然堅決要成為第一個將細胞培養肉引進市場的人。為此，他跑遍全世界，到處和監管機關周旋，試圖說服他們允許他販售和提供JUST製造的肉。

有許多公司、優秀的科學家和企業家都在和他競賽。這些新創公司已經將自己對細胞培養肉的願景打磨拋光，也同樣在觀望規範這一塊的狀況。

我開始和其他灣區的新創公司預約參訪的時間，也前往以色列和歐洲。這段時間，泰翠克則繼續專心地尋找達成目標——搶先將細胞培養肉引進市場的方法。

第九章 百家爭鳴

在愛琴海的上空，一位溫柔的空服員傾身問道：「義大利麵配牛肉，或是庫司庫司米配雞肉？」

我選擇了後者。他為我端上一個托盤，擺著皮塔餅、鷹嘴豆泥、裝在塑膠碗裡的沙拉（其中的紅蘿蔔絲緊緊地黏在切丁的小黃瓜上）、扮演著配角的餅乾和一小杯水，以及一個溫熱的、密封的鋁箔餐盒，裡面裝著我的主餐。

我從邊邊開始吃起，假裝我還在特拉維夫市班格里安林蔭大道上的一間咖啡廳裡。我很快就吃完了鷹嘴豆泥，然後才掀開鋁箔蓋子，裡頭的食物只有兩種顏色：米色的庫司庫司米，和裹著紅色番茄醬汁的三顆雞肉丸。我切開一顆肉丸，和我預期的一樣，是經過處理的白色雞肉。

幾天之前，我和細胞培養肉公司Aleph Farms的共同創辦人帝迪爾・杜比亞（Didier Toubia）見了一面。這間擁有實驗室的公司位在距離特拉維夫市南邊約十二英里遠的雷霍沃特市。杜比亞將大部分的新創公司正在製造的產品：體積大到足以製作肉丸子的肌肉組織細胞稱為「肉泥」。如果細胞培養肉在主流市場上失敗了，或許他們可以賣給航空公司。我一邊思考著這件事，一邊戳著另一顆肉丸，並看著它散開。希望威廉・范・艾倫的理想不會淪落到這個地步，可憐兮兮地浸泡在空中的一灘紅色醬汁裡。

然而在聖地待了十天後，我清楚地意識到，對同樣在追求細胞培養肉美夢的矽谷公司來說，正在崛起的以色列新創公司會是極大的威脅。如果美國的公司沒辦法搶先讓細胞培養肉上市，那麼可能就會被以色列的某間公司奪得先機。許多人將以色列視為第二個矽谷，這裡擁有三間細胞培養肉公司，分別是Aleph Farms、SuperMeat、Future Meat Technologies（美國則有八間我積極追蹤的公司）。

我和杜比亞是在一個溫暖的六月午後碰面的。當時，Aleph Farms位在商業園區一間外觀平淡無奇的建築物三樓，還在和另一間公司共享同一個實驗室空間。

而在同一棟大樓的不同樓層，還座落著另一間細胞培養肉公司SuperMeat。

以色列政府很積極地給予亮眼的、有潛力的、仍在草創階段的顛覆性科技點子財務上的支持。為了推動科技發展，該國政府提供許多不同的補助，包括創新局（Innovation Authority）以兩千五百萬美元設立的食品科技孵化器。每一年，以色列創新局都會得到大約五億美元的資金，可以有條件的貸款給野心勃勃的新創公司，不論規模大小，包含許多不同的產業。如果他們失敗了，政府不會討回這筆錢；如果成功了，他們就把錢還給政府。

安亞·艾丹（Anya Eldan）負責管理創新局的新創部門，對於顛覆性的點子特別敏感。「如果我們能百分之百回收給出的資金，那就代表我們的風險還不夠大。」她在我的其中一次訪問中說道。「我們的任務是打造一個成功的、有競爭力的創新工業。」

反觀美國並沒有相對應的專案。

除了對細胞培養肉科技積極的經濟援助外，以色列也意識到，培養肉的成功會加強國內的食品安全。在以色列，由於土地與水資源有限，他們無法自行生產大部分的食物。每一年，以色列的食品都會產生很大的貿易赤字。如果他們不採取行動，這個問題就很難有任何改善。

另一方面，由《經濟學人》智庫與杜邦分析於二〇一七年底發表的「全球糧食安全指數報告」（Global Food Security Index）指出，雖然食安問題在過去十年已經有所進展，但未來的中東、北非和南美仍將面對許多風險。無法預期的全球經濟成長率、失衡的狀況越來越嚴重、氣候變遷導致的移民以及政治衝突，在在都對全球許多地區的糧食安全造成負面影響，而且有些國家特別嚴重。此外，糧食的產量也不足了。根據聯合國預測，截至二〇五〇年，地球上的農業產量得比現在高出70%，才能餵飽全世界的人口。

因此，如果以色列的細胞培養肉公司未來能夠製造同樣的肉品，該國的進口生態可能就會有所改變了。美國的公司幾乎都是以純素主義為訴求，以色列的公司卻是以長遠角度的自保作為出發點。

Aleph Farms發跡於以色列北方的海法，由一位德高望重的研究學者舒拉米·萊文伯格（Shulamit Levenberg）所創立，她也是以色列菁英技術學院生物醫學工程學系的系主任。她在理解和構建複雜的、遍及全身動脈和靜脈的血管系統方面的專業知識，為Aleph Farms注入了競爭者所沒有的嚴謹和野心。JUST和Memphis Meats主要都專注在被杜比亞稱為「肉泥」的產品上，好用來製作加工肉品，例如雞柳條、鴨肉絲、雞塊，Aleph Farms則是想要跳過讓細胞在液態介質系統中成長的過程。他們不想要在生物反應器中培養一坨又一坨的肌肉組織。杜比亞表示，公司的主要目標是生產3D結構的牛肉——也就是牛排。

JUST和其他美國的同業，都是讓細胞在營養豐富的液體中複製增長，但杜比亞和萊文伯格的野心則需要更複雜的系統，更貼近活生生的動物體內所發生的成長過程：一個人造的血液循環系統，將液體介質送到細胞中並提供養分。定下這麼高的目標，好處非常明顯。也許他們會花更久的時間才有產品可以上市，但他們也許會是最有能力生產結構更為複雜的肉塊的公司。杜比亞表示，他預期能在二〇二三年時，以全球規模的等級讓公司生產的牛排上市，但他還不確定自己要先進攻哪一個市場。

在業界，用來培養肉品的血液系統被稱為「支架」（Scaffolding）。杜比亞將其比喻為利用水循環系統種植作物，也就是不用土壤，只用添加了營養素的水溶劑來培育植物。創造這麼不傳統的系統也許聽起來很奇怪，但Aleph Farms並不避諱創新這件事。以杜比亞的話來說，人們總是會利用科技來改善大自然的發展過程。而人們該問的問題，不是這種食物到底天不天然，而是「這樣的食物到底好不好？」

當然，選擇使用血液系統還是有些難題要面對。「我們得從頭開始。」杜比亞解釋，因為哺乳動物細胞系比鳥類細胞系更難控制。製造雞肉的公司主要專注於培養肌肉細胞，而製造牛排卻意味著Aleph Farms還必須完美地培養出脂肪細胞。

正是這種創新精神，使以色列正在進行的工作與世界其他地方產生了差異性。以色列人真的在推動科學發展。他們下了一個賭注——他們也許不是第一個，但希望有天會成為最好的那一個。

* * * * * *

在以色列的最後一天，我比平常稍微早了一點點起床。

太陽從特拉維夫市參差的高樓大廈後方升起，為城市撒下一層粉紅色的光芒，向西一路延伸至地中海沿岸。人行道上傳來早起民眾的人聲，正在執行他們早上的例行公事。線條精實的男人沿著海岸衝刺，上課的人們則在練習瑜伽和伸展運動。我漫步到附近的咖啡廳，點了一份以蔬菜為主的以色列經典早餐。我在這裡與羅姆．薛克（Rom Kshuk）見面，他領導著一家胞培養肉公司，目前是這場將產品推向市場的競賽中最接近終點線的一個。

薛克就住在特拉維夫市外面，但他的公司Future Meat Technologies卻位於耶路撒冷。耶路撒冷希伯來大學的生物醫學工程師兼教授雅各．那米亞斯（Yaakov "Koby" Nahmias）於二〇一七年成立了這家新創企業。Future Meat Technologies不再致力於培育肌肉細胞，而是將技術發展轉向需要較少原料與液體介質的結締組織。

「我們想賣機器給農夫。」他說。「接著只要賣給他們裝有不同起始細胞的膠囊，他們就可以自己培養肉了。」

Future Meat Technologies想要建立的是企業對企業的交易模式，將知識與機械賣給其他想要培養肉品的公司，讓他們用自己的品牌去行銷。和JUST一樣，他們的第一項產品會是絞肉。等到這個技術純熟了，這間公司就會轉向開發整塊的肉品。薛克表示，他們一開始就決定走這條路。如果可以直接從內部影響全球糧食系統，為什麼要和泰森食品這類的零售業龍頭硬碰硬？

二〇一九年十月，這間公司在首輪募資得到了一千四百萬美元，正好讓他們開始運作——這個數目是全球細胞培養肉新創公司首輪募資獲得第二多的資金（Memphis Meats在二〇一七年時募得了一千七百萬美元）。薛克說，那筆資金中的很大一部分會用來在特拉維夫市打造世界第一座細胞培養肉製造工廠。

這一輪融資是由總部位於芝加哥的創投公司S2G Ventures領投，而中國的食品與農業創投公司Bits x Bites和泰森食品公司旗下的泰森創投，也都參了一腳。

「我們繼續投資Future Meat Technologies，是因為他們正在想辦法創造出顛覆性的科技，那與我們的核心產業息息相關。」泰森創投的代表涂艾美（Amy Tu）說。「我們正在想辦法讓自己接觸更多生產蛋白質的替代方式，好餵養不斷擴張的世界人口。」

Future Meat Technologies表示，如果生產設備在二〇二〇時投入營運，他們就有望能在二〇二〇年底前準備好初期的產品，並在二〇二一年推出更多。除非泰翠克打敗他們，搶先進入市場，否則他們就會處於領先地位。如果這些初期產品先在以色列國內市場上販售並供消費者食用，他們或許能使以色列成為細胞培養肉的熱門選手。這當然有優點也有缺點。優點是，這樣一來，用細胞培養出來的肉，就會在對此一技術接受度較廣的市場上吸引消費者，也許能因此說服其他地方的監管機構仿效；缺點則是，這裡的市場規模非常小，並不是一般作為首波上市的人口稠密區，例如歐盟和中國，這也是美國的公司沒有特別考慮首先打進以色列市場的其中一個原因。

儘管全世界有許多令人印象深刻的技術遍地開花，但仍有許多未知數——正如馬克．波斯特說過的話。在二〇一三年向全世界介紹了這個概念後，波斯特就創立了自己的公司Mosa Meat。它的總部位於阿姆斯特丹南邊一百三十英里的馬斯垂克市，也就是一九九二年二月歐盟成立的條約簽訂的地方。

我在一個寒冷而寧靜的早晨前往馬斯垂克市，笨拙地看著阿姆斯特丹中央車站的荷蘭文指標，終於找到了一輛黃藍相間的有軌電車。我在柔軟的灰色座位上坐下。

車子從車站駛出，穿過這座城市昏昏欲睡的郊區，阿姆斯特丹繁忙的市景逐漸淡去，迅速駛過平坦的荷蘭鄉村。宜人的陽光籠罩著綠色的田園風光，緩緩升起的太陽散發著粉紅色與橘色的光芒。一個小時之內，天空就會變得一片湛藍。車子經過一小群放牧的牛隻，我閉上了眼睛，聽著通勤人士上下車的腳步聲、打開報紙的窸窣聲，以及不清晰的交談聲。

當我睡醒時，距離目的地只剩下十分鐘的車程，足夠讓我甩掉殘留的睡意，並讓我有時間思考如何準時抵達會面的地點。

馬斯垂克是個大約二十八萬人的舒適小鎮，座落在默茲河岸，位於荷蘭及比利時邊界。它聲稱是荷蘭最古老的城市，而它飽經風霜的房屋與石子街道，看起來確實古色古香。

早晨的空氣清新而寒冷。我把夾克拉緊，逆著風朝馬城大學生理學系壯觀的大門走去。這是一座高聳的現代建築，在一片平坦的風景中特別引人注目。一道奇怪的樓梯通向大樓的正門，讓我覺得自己好像是要登上一艘幽浮，而不是進入一間著名的學術機構。

與世界上大多數細胞培養肉公司不同，波斯特的公司屬於公立大學所有；也就是說，與那些不受學術界束縛、靈活度更大的培養肉新創公司相比，波斯特的公司發展得比較慢。這種安排類似於簽訂授權協議，而荷蘭的納稅人理應從公共研究領域的投資中獲得某些回報。

波斯特本人很高大，幾乎和門框一樣高。他戴著一副細框眼鏡，用灰藍色的眼睛凝視著我。他的聲音低沉而穩定，完全符合他被世界公認為細胞培養肉的開拓者之一的身分。畢竟，他直接與威廉・范・艾倫合作過，又在二〇一三年公開展示了世界上第一款細胞培養肉，證明了范・艾倫的概念，也促進了他的整個職業發展。現在我來到他的辦公室，好奇地想知道自從那次高調揭幕以來，他都在忙些什麼。

答案是：脂肪。

他創造的那第一塊肉排，完全是由肌肉組織所構成。但人們吃的肉之所以有我們習慣的口感，則是因為裡面所含的脂肪。而肉的香味也有將近一半是來自脂肪細胞的芳香。少了脂肪，細胞培養肉不管是從牛、雞、豬或其他動物的細胞培養而來，味道都相差無幾。但只要加入脂肪，人們就更容易從口味去分辨肉的種類。問題是，培養脂肪和肌肉的方式並不一樣。

「我們目前對培養脂肪細胞的認識，還不如培養肌肉細胞來得多。」他說。他在學術領域中的地位，吸引了美國與歐洲幾個產業中重要角色的注意。二○一八年時，波斯特得到了八百八十萬美元的贊助，希望能讓細胞培養牛肉在二○二一年進入消費者市場。這筆錢大多是來自默克製藥公司（Merck），以及瑞士一間全球肉品加工公司貝爾食品集團（Bell Food Group）。這是默克公司第一次投資食品工業，代表他們看見了Mosa Meat，甚至未來其他公司的細胞培養肉科技有多大的潛力，只要有合適的介質就行。

「全世界對肉的需求越來越高，在未來，畜牧業的生產也會遠遠不敷使用。」貝爾食品集團的執行長羅倫・威斯（Lorenz Wyss）在宣布投資的聲明稿中說道。「我們相信，這樣的科技可以為重視環境永續發展的顧客，提供一種有效的替代方案，我們也樂於提供對於肉品的專業技術，為這次策略性的合作關係加分。」

將Mosa Meat與其他細胞培養肉公司區分開來的另一個關鍵，是它的經營者。馬克．波斯特不是純素主義者。他喜歡吃簡單、無調味的牛排。他會踏入這個領域，是因為他對未來的食品安全和環境保護十分重視。他的終極目標——即便有畜牧業者在場，他也會毫不猶豫地大聲說出口——是將全球牛隻數量，從五億隻減少到三萬隻，並將一些牛隻作為收集細胞以生產肉類的來源。

大部分美國的細胞培養肉公司，都對於他們向顧客傳遞的資訊太過敏感，所以常常用一些不著邊際的話來描述他們的工作。如果他們遇到技術上的困難或是科學上的困境，他們通常不會說得太多，就算我直截了當地問也一樣。這些公司對於新產品表面的樂觀，與他們顯微鏡下所看見的現實之間，有一層嚴重的隔閡；事實是，他們在進行的工作極度複雜，很容易產生大大小小的問題。波斯特則是有話直說到近乎無禮的地步。也許是因為他骨子裡還是學術界人士的關係，他很享受思考與討論細胞培養肉的各種事，且毫不避諱地指出當前面臨的挑戰，以及產品在真正端到大眾的餐桌上之前還需要解開的謎團。

一九八二年，他從烏特勒支大學獲得了醫學學位。他主攻血管研究，並打算成為一名外科醫師。但是經過幾年的病理經驗後，他便認定了這不是他的人生道路。作為一名外科醫生，他也許會在同儕中獲得更多尊敬及更高的收入，但是按照他的說法，有病人看診是很好，但他們的身體毛病都很無聊。

「這些問題就是沒什麼挑戰性，我又自負到不願意一直應付這些事。」他告訴我。「解決問題和實際施作的難度等級，對我來說真的不夠高。」

他這麼平鋪直敘又毫無矯飾的回答，使我忍不住笑出聲來。

過去幾年來，波斯特並沒有將自己局限在手術房內只與其他醫生交談，而是與政客、畜牧業者、商人、社會學家、肉品產業的高層主管、投資者以及其他許多人辯論，並向他們學習。

他的辦公室對面就是他的實驗室。波斯特用門禁卡刷開一道沈重的大門，然後帶我進入一間看起來很眼熟的房間。基本上，所有細胞培養肉的實驗室看起來都差不多，滿是顯微鏡、不鏽鋼細胞培養槽、裝滿液體和培育中細胞的小試管與培養皿，還有穿著實驗袍的實驗助理。當然，使每一間公司產生差異的因素，永遠都是他們的實驗結果。

波斯特的目標是培養牛肉，且不使用高科技植物性漢堡排（例如Impossible Foods的產品）中常見的填充劑，這種填充劑可以補足難以生長的脂肪部分。牛肉為他們設下了一個挑戰，考驗他們如何製作一種極具代表性的食物：漢堡排。

「我認為製作純粹的產品有助提高我們公司的透明度。」他告訴我。「如果你做的是複合式產品，那麼對消費者來說，它就會顯得更加模糊。我們不想破壞我們打算傳遞的訊息，也不想用『哦，順便說一句，它也含有20%的椰子油喔』之類的鬼話來污染它。」

我迫不及待地想要滿足自己的好奇心，我問波斯特，有什麼問題是他從來沒有聽別人向他提起過的。

「從來沒有人問過我『這算是無性生殖嗎？』」他說。「從來沒有。」我上鉤了。

「那這算是嗎？」

「當然是啊。」他說，我們兩人都笑了，雖然氣氛有點緊張。

「從生物學的角度來說，無性生殖代表的，就是沒有透過性行為而進行的複製。」他解釋道。「嗯，就是這樣。我很高興人們不會問這個問題，因為一但他們問了我就得解釋，而在他們耳裡聽到的東西，可能和我腦子裡想的不一樣。」

「發生在動物體內的眾多反應中，有什麼是人類不能複製的呢？」我問。

此時，他找了一張椅子坐下，靠在椅背上，看著天花板想了一陣子。

「嗯，當然有。」他回答。「任何一個完整的器官都非常地複雜，而我們還不了解這些器官複雜度的所有細節。」

這聽起來相當合理。我們大概了解一頭牛體內發生的某些變化；我們也知道身體某些化學物質如何與其他化學物質相互作用，促使生命運作。不過，生物體內的許多層面，或者在幾乎所有活物裡都會發生的某些現象，對我們來說卻還是一片未知。我們甚至搞不清楚我們不知道什麼。例如，運動對動物的肌肉組織有多重要？一隻活著的動物在吃草和漫步時總是動個不停，這種基本的生活行為，有什麼與生俱來的特殊之處嗎？它會影響動物身體組織中的蛋白質組成，或是以某種方式定義這隻動物的肉嗎？它在最細微的分子層面上又有什麼含義？

這使我回想起了與灣區Finless Foods的執行長麥克．賽爾登進行的一次對話。他是業界最有想法的領導者之一。他告訴我，他公司的科學家們已經針對「動物的運動對於肉質的影響」做了許多研究。他解釋，這就是為什麼我們不吃養殖的鮪魚。成年的藍鰭鮪魚可以在野外長到十英尺長，可以逆流而行數千英里遠。當你將這種生物圈養在養殖場的狹小範圍內，其生理發育就改變了，進而對肉質也產生了影響。

此外，正如波斯特所說的，缺少動物本身的免疫系統，這一點也有許多等待發掘的疑問。「這種細胞培養系統沒有免疫系統，」他說，「這對我們來說重要嗎？我們也還不知道。」

他還提出了一個最有趣的問題，與細胞培養組織某些最基本的層面有關，那就是，如果細胞周圍沒有複雜得難以置信的有機體，那麼，人類就不得不去學習該如何克服障礙與解決問題。

「最大的問題就是，我們太依賴複製細胞了。」波斯特解釋道。「每一次的複製，都會使那段基因變得更容易突變。我們已經透過許多不同的例子發現，如果不斷地複製某一個細胞，就會得到病變或是不穩定的細胞。」

這確實會對細胞培養肉的製造者們產生嚴重的影響。這些實驗室裡的科學家們已經開始注意到，某些特定物種的細胞在經過數次複製後，就會產生基因變異。一般來說，一個完整的細胞循環需要幾個小時來完成，但如果能讓多個細胞同時複製，就會呈現指數成長。換句話說，最簡單的理論是，細胞會製造自己的副本。但實際上，這並不是細胞運作的方式。舉例來說，老鼠的細胞大約在複製四代之後就會開始產生病變。

自然發生的基因複製是生命中最不可思議的現象。人類細胞每次複製時，都會複製並傳送一段大約三十億個核苷酸的精確序列到新細胞裡。但有時候，生命也會投出一顆變化球：某些狀況發生了，造成聚合酶傳送太少或錯誤的核苷酸給新的DNA序列。多虧了基因有內建的修補系統，這類的編輯錯誤大部分都會自動修復。但有時這樣的錯誤會騙過檢修系統。許多年來，科學家一直試著找出發生這種問題的原因。

「幸好我們還沒在牛、豬或人類的肌肉細胞上看過這種事。」波斯特告訴我。「在人類細胞和其他大型哺乳類身上，這種事似乎不會發生。觀察到這個現象的不只有我，其他人也發現了一樣的事實。但我們還是得預設這種事有機會發生，而且必須想辦法解決。我們有必要提出這個質疑。」

說到這裡，他向我保證，吃了基因突變的細胞並不會對健康造成威脅。畢竟，我們平常食用的肉類和植物細胞在被宰殺或採收時就死了，所以不用擔心會吃到活著的突變細胞，然後因此產生健康問題。細胞變異之所以會是個問題，並不是因為這會影響健康或口感，而是因為這會使大量生產變得更困難。

有些人也懷疑，細胞突變會不會影響最終培養出來之組織的營養價值，但在他目前為止的培養工作，或是他在開發的口感原型中，都還沒有觀察到這個現象。

「但是，我目前沒有看到，並不代表它們就不存在。」他一如往常，小心翼翼地說道。

我回想起在波斯特辦公室的一件事，我曾向他提起泰翠克的事，並問他對於有人如此公開地宣稱要搶先將細胞培養肉推向消費市場，會不會感到不舒服。他的反應很好理解，實際上，在這個新興產業中的每個人，都對這個問題有一樣的反應。這完全取決於泰翠克推出的肉品品質，因為無論他推出的是什麼產品，它的品質都將受到嚴格的檢視。

「我最擔心的就是沒辦法控管它的品質。」波斯特告訴我。「我聽過關於喬許的事，大家都說他很不受控……我想我們都得非常謹慎。」

波斯特當然會對他有這種印象了。我暗自想道。所有喜歡看新聞的矽谷讀者，都會有足夠的理由對泰翠克的企業感到懷疑，尤其在他們經歷了許多波折、各種調查，以及那場差點爆發的政變之後。

事實是，雖然細胞培養肉這個產業裡的企業家們喜歡八卦彼此的事情，但他們其實都不知道競爭者們的實驗室裡到底上演著什麼事。現實總是和傳聞有著微妙的差異。波斯特對泰翠克的懷疑並不難理解。JUST的問題一直都在媒體上流傳，當初合作創立細胞培養實驗室的那些科學家也全都離開並自創公司了，而喬許不斷想要將肉品首先推上市場的競爭心態，無疑也給了他的對手們許多壓力。

但波斯特說這些公司得謹慎選擇第一個上市的產品，這個直覺是十分正確的。確實，整個產業都必須很小心，除了要慎選上市的時間和嚴格控管商品品質，還要注意他們行銷的方式。牧農們——許多人的家族一直以牧牛維生——顯然還是對細胞培養肉抱持著懷疑與恐懼。肉品科學家也是。就算細胞培養肉的新創公司都開始表示自家產品已經快要可以上市了，美國肉品科學協會（American Meat Science Association）卻還沒看見半個產品。這個團體隸屬於國家，裡面有一群科學家會提供肉品的知識，包括肌肉如何生長、發展，還有評估肉品品質、食品安全以及消費者市場。這個組織是潛在的合作夥伴，具有相當的公信力，也能幫助大家更快了解細胞培養肉。

當然，這些新創公司並不一定要給這個組織樣品，但是這麼做，可以讓對肉品瞭若指掌的頂尖科學家們實際檢視，並比較細胞培養肉與我們吃慣了的傳統肉品有什麼差異。二〇一八年夏天，美國食藥署（FDA）舉辦的一個公開會議中，該組織的前主席朗妲．米勒（Rhonda Miller）是這麼說的：「肉品科學家沒有關於培養組織的足夠資訊，也無法確定該不該將之稱為肉，或是該不該對其進行特定規範。」她說。「我們還無法取得培養組織的樣品來評估它的安全性、組成、生物的營養價值利用度、功能性和感官特性，因此無法探討它與普通動物生產的肉的差異。」

以一個外行人的角度來看，其實真的很難明確說出細胞培養肉到底是什麼。要理解基本的原則很簡單。你可以培養脂肪組織和肌肉組織，把兩個東西加起來就是一塊真正的肉了。然而一但跳脫了這些簡單的用詞，你就很難把一個複雜的流程完整地描述出來。確實，許多加工食品都是這樣。誰知道果漿吐司餅乾裡加了哪些東西？但肉品是飲食的支柱。如果消費者再也不知道這些肉是怎麼來的，那會發生什麼事？

這個問題，更是突顯出另一個對細胞培養肉新興產業來說最艱困的挑戰。普通消費者和擁有多重學位的高科技科學家對細胞培養肉的認知，有著一道深刻的鴻溝。

針對此事，美國加州Memphis Meats的執行長烏瑪．瓦萊蒂表示，等到產品差不多可以準備上市時，許多懸而未決的問題就都會有答案了。

瓦萊蒂本身已經是一位很有成就的心臟科醫師，在思考了十年要如何用幹細胞培養肉品之後，便合作創立了Memphis Meats。

「我把能力所及可以找到的資料都找遍了。」一個陽光普照的午後，他在柏克萊總部辦公室裡這樣和我說道。「我越來越相信，該有的線索都有了，我們只需要把它們拼湊起來。」

打從一開始，他說，贏得消費者信任就是他的首要任務。他說Memphis Meats的工作不能在檯面下進行，因為大眾對細胞培養肉的討論，就應該要在大庭廣眾下進行。這間新創公司舉辦了試吃會，並邀請各方記者來試吃。要告訴消費者這種食物到底好不好吃、有沒有營養，這是最好的方法。

「人們吃過之後，魔法就出現了。」他說。「我不覺得我們有必要去和人爭執，說這些食物有多安全。我們絕對需要遵守各家機關的規範。」

「我們比產業裡現行的製程更有跡可循。」他繼續說下去。「我們投入的資源都是可追蹤的，整個產品的製程都在同一個地方進行，且過程中有許多安全檢查的項目，最後我們會產生一份可供檢閱的營養成分分析表。」

一位Memphis Meats的食品科學家端著點綴有黑醋栗與刺山柑的鴨肉走了進來，打斷了我和瓦萊蒂的交談。這塊鴨肉只有經過乾煎，並撒了一點鹽和胡椒。

我看著這塊肉，驚訝地發現它和雞柳條長得十分相像。瓦萊蒂難掩興奮之情。當我叉起鴨肉更仔細地檢視時，他向前靠了過來。

瓦萊蒂要我特別留意它的紋理和外觀。「你可以整塊直接吃下去，但我很希望你可以把它切開來，聞聞看，然後看看它的纖維，你會發現它和真的肉一樣連在一起。這都是非常重要的。」

我從來沒有嚐過這麼高階的培養肉。幾個月前，JUST才給我吃了他們的鴨肉醬和鴨肉香腸，但我眼前的卻是一整塊完整的肌肉，我可以用手拿著並撕開它。我拿起來咬了一口。

沈默的十秒鐘過去了，我靜靜地用手指將它撕開。

「哇。」我驚訝地發現它的纖維是如此完整。

想像你撕開一塊雞胸肉的樣子。當你這麼做的時候會發現，雞肉的纖維其實是很多的。這個特性很難被實驗室複製。Memphis Meats的科學家們必須要使用正確的液態介質和生物反應技術，才能在沒有複雜的支撐系統下，促使細胞模仿生成纖維的過程。但他們做到了，而我手中正拿著它的原型。

「這是百分之百從細胞培養出來的肉嗎？」我問。

「沒錯。」瓦萊蒂說。

「太厲害了。」我說。確實，這是我截至目前為止所見過或者互動過的細胞培養肉之中，最有說服力的一塊。

「你認為一塊肉該有的東西，這裡都有，而且全部都是細胞培養出來的。」科學家告訴我。

「太酷了。」我說，這樣的體驗使我十分驚訝，甚至敬畏。

「你從非動物性的產品身上是不可能得到這種體驗的。」瓦萊蒂指的是像Impossible Foods或Beyond Meat這類的植物性肉品替代品。

瓦萊蒂對自己的產品信心高得驚人。「我們在所有的試吃會上，都有一個必須完成的任務，那就是，盡量不在肉品上加任何東西。」瓦萊蒂解釋道。「我當然知道，如果我把這塊肉交給我們的廚師，然後說：『好，幫我們做出一道美味佳餚吧。』他們一定能做到。但試吃會的重點是，人們要真的吃到這塊肉的原味。所以我們才只在上面撒鹽和胡椒。」

離開Memphis Meats的總部時，我仍有些恍惚，好像自己偶然撞見了某個尚未被人打磨拋光、稀有而真實的未來。世界上各個角落都有偉大的工作正在進行，而現在開發的工作即將進入尾聲，像我剛才吃到的那種等級的產品，數量也在逐漸增加。

所有汲汲營營的新創企業家們，都是衝著同一個夢想而來。所有人都想看見那個夢想成真。他們想要買到並吃到細胞培養肉。他們想要看見這個世界因著最崇高的理由而產生改變：保護地球，成為地球的好管家。儘管有這些夢想，並不是每一個年輕的企業家都在同一個發展階段上。有些產品讓人印象特別深刻。因此，這些新創公司對彼此都持有懷疑的態度，同時也好奇誰會先把產品引進市場，而消費者又會如何反應。

然而，有個新出現的問題，那就是這種新興肉品究竟會最先出現在世界上的什麼地方。泰翠克在二〇一七年六月誇下海口說，他會是第一個將產品上市的人。他告訴我，到二〇一八年底一定可以在餐廳或商店裡買到它，但他希望這會比他預期的早幾個月發生。但是後來，當他看著自己在荷蘭上市的雄心壯志變成一場空後，JUST的員工們就非常清楚，政府的審查單位——既不懂科學，也沒有科技技術——將是決定世界上哪個地方能搶先品嚐到細胞培養肉的最主要決策者。而這場關於監管的辯論，再也沒有比美國國內吵得更兇的地方了。

第十章　野獸的肚腹

一個留著捲髮的矮個男子走了過來，打斷我和泰翠克的對話，傾身湊在泰翠克耳邊低聲說了些什麼。

「我知道，但安排是早上十點。」我聽見他說。

「我們會參觀他們的屠宰場嗎？」泰翠克問。

JUST辦公室裡的人聲一如往常地嘈雜。我靠向前去，豎起耳朵，試著聽見更多他們的談話。

「他們可以帶我們去看。」

「我想看。」泰翠克回答，他盯著那個男人的眼神強烈得讓我驚訝。

「我們可以問問看。」

「他之前說過我可以看的。」

「我會傳訊息給他們。」男人說道。「我不想打岔，但我可以傳個訊息給他。」

「好。」泰翠克一點頭，然後轉過身來，迎上我困惑的表情。看見我的迷茫，他立刻解釋給我聽。

赫南・札拉米羅（Hernan Jaramillo）負責處理JUST的商業發展，我想不管JUST給他什麼頭銜，大概都是在強調他的工作有多特別。札拉米羅隨時都有可能出現在另一片大陸上，和某一間企業的高管聊天——而且通常包含了好幾場酒會——討論兩間公司合作的可能性。隨著JUST更加積極地進入細胞培養肉這個領域，他最近的工作多半都是在和肉品公司交涉，分享他們近來的成果。

最近幾個星期，札拉米羅都在試圖與巴西JBS的高層們促成一場會議。JBS是全世界最大的新鮮牛肉與豬肉加工公司，每年的銷售額都高達五百億美元。如果這場會議談成了，將會是一件很大很大的事，意味著他們有可能達成一樁頂級的合夥關係。

泰翠克追求的不只是經濟上的投資而已，他希望JBS可以使用他的技術。

這就是我認為JUST領先其他細胞培養肉新創公司（除了Future Meat Technologies）最多的地方。透過企業與企業之間的貿易發展，這間公司的產品銷售量將有急速攀升的潛力，儘管這代表高層可能需要出讓一些公司的掌控權。

像泰森食品或嘉吉（Cargill）這樣的食品加工公司，要他們投資新創公司是一回事；但是把這些投資轉回來用在自己身上，答應改變內部製程來製作細胞培養肉，又是另外一回事了，而這正是泰翠克現在所追求的東西。

「你當然可以找到很多人投資你很多小錢，對這些人來說，投資個兩、三百萬美元不算什麼。」他說。「但是，如果你要他們投資基礎設施呢？」

他頓了頓，清了清喉嚨。

「我希望他們願意掏錢買生物反應器，你懂嗎？」

這是泰翠克為他的公司許下的新願望。他已經不再追求金錢上的投資了。他開始冀望能與現存在市面上的公司進行合作，而且是大公司，那些大有財力或是聲名遠播的公司。他希望JBS、嘉吉和泰森食品的高層回到公司後，能夠開始和內部討論如何在里約熱內盧打造一個九千多坪的大工廠，並在其中塞滿巨大的生物反應器，然後開一張支票給JUST。JUST則會提供相關知識與培養肉品所需的一切授權。

「這才是我想要的。」泰翠克說。「對我來說，這代表傳統肉品的終結。」但是這樣的生意最後會不會做成，這種授權協議究竟是不是推行細胞培養肉最好或最有效的方式，一切都還沒有定論。

這個策略改變了一般人對於純素主義者的傳統印象，同時也能看見，積極的純素主義者為了促成世界的改變，變得非常願意改變他們的作法。像泰翠克這種公開表態的純素主義者，居然會願意前往全世界最大的肉品公司屠宰場，進行友善的拜訪？全世界最大的肉品加工公司，居然要和泰翠克這樣的純素主義者合作？這件事光用想的就很奇怪，而看著事件在你面前真實上演，感覺就更怪了。

這樣角色上的轉換，也許正是來自一個逐漸崛起的男人——布魯斯．費德里奇（Bruce Friedrich）。他雖然沒有經營細胞培養肉公司，也不是這類公司的員工，但他位於華盛頓特區的非營利組織「好食物研究所」（Good Food Institute），也許算是這個新興產業的中樞神經系統。該組織負責向政府和企業提倡細胞培養肉公司（和植物性食品）的優點，並代表這些公司向政府或其他企業發言。他已經成為了一股強大的力量，是矽谷食品科技公司的執行長們（例如泰翠克）的首要資源，而且，由於細胞培養肉逐漸吸引了華盛頓的食品監管機構的關注，他更成為這個產業十分重要的一位戰士。他只是眾多支持這項新世代動物維權運動的其中一人，這項運動還包括長期的行動主義者，以及口袋夠深的純素主義者。遇上費德里奇時，你也許會看見他穿著整齊的鈕扣襯衫、鬍子刮得乾乾淨淨的——但也有例外的時候。

* * * * * *

他們好像是開富豪汽車來的。他努力回想，但是印象實在很模糊。天氣很涼——凌晨三點的那種涼。但是，對，應該就是富豪汽車。外面很黑，因為他們絕不可能在太陽下山之前這麼做。但是，對，富豪汽車就是這群激進的反核天主教徒們所選擇的車種。應該是的。

但天氣確實很冷。

當車子引擎聲逐漸遠去時，當時才二十四歲的費德里奇，和另外三個人一起出現在北加州郊區戈茲伯羅的樹林裡。那時是一九九三年的十二月七日。泰翠克當時才十三歲。在晴朗的天空中，布滿星星的天空就是他們四人的天然羅盤，指引他們前往西摩・約翰遜空軍占地三千三百英畝的基地。F-15E戰鬥轟炸機就停放在這裡。他們沈默地向前走，一面暗自祈禱著，一面穿越茂密而遼闊的林地。

費德里奇的夥伴中，有菲利普・貝里根（Philip Berrigan），是一位七十歲的公民不服從愛國者；還有約翰・迪爾（John Dear），一位剛按立成為耶穌會牧師的三十四歲男子；以及三十歲的林恩・費德克森（Lynn Fredriksson），是一位來自巴爾的摩的遊民權力抗爭者。他們自稱為「靈命耕耘者」。

事後，《華盛頓郵報》在報導這起意外時，將之稱為這個空軍基地發生的第一起政治破壞事件。軍方發言人傑・鮑伯（Jay Barber）則將其稱為譁眾取寵的行為，並說他們浪費納稅人的錢。

「如果他們一開始的目的就是要毀滅一臺戰鬥機，那他們就不會帶鐵鎚了。他們要帶的應該是炸藥。」鮑伯在受訪時說。

這四位行動主義者花了將近十個月的時間在準備這起行動，根據費德里奇的說法，他們做了很多研究，但大部分的時間，他們都是和彼此待在一起，形成家人般的連結。他們分享彼此的人生故事，一起禱告，規劃出空軍基地的地理位置圖，甚至一起前往國家空軍博物館參觀，在那裡買了一本戰鬥機圖鑑，裡頭含有一張詳細的戰鬥機配置圖。

展開行動的那一晚，他們只有幾個小時的時間完成任務。關於他們的和平行動和隨後被捕的新聞稿早已寫好，也計畫在早上六點釋出，他們認為那個時候就會完成預計的工作了。

「當時沒有人有手機，那時可是一九九三年呢。所以我們沒有辦法和任何人聯繫。」費德里奇說。

他們爬上一座黑暗的小山坡，在山頂上查看，然後就愣住了。

「靠。」

整個基地燈火通明。數千人站在他們與戰鬥機之間。基地正在舉辦戰鬥演習，用以模擬戰爭中的策略和運作層面。四位行動家站在山頂上，打扮得像幾個嬉皮人士，穿著樸實的布衣，留著長髮。事情不應該是這樣發展的。

一小段時間過去。下方的嘈雜聲不斷。又一刻過去了。汽車已經開走，他們回不去了。然後又一刻過去。

「管它的！」貝里根說。「出發吧。」

他們翻過基地的後圍牆，進入了吵雜的軍隊之中。最讓人不安的是，沒有人注意到他們。人們都在奔跑、喊叫或是執行命令，似乎完全沒有注意到、也沒有被這幾個突兀的行動分子打擾。

「沒有人出聲。」費德里奇說。「我們只是跑到飛機旁邊，開始用鐵鎚敲。然後人們才開始注意到我們。」

他們才敲了一下戰鬥機的超音波天線，鐵鎚的頭就飛走了，把手也碎裂開來。費德里奇說，那一幕就像卡通裡的場景一樣。他們只用一把鐵鎚，就造成了估計兩萬五到三萬美元的損失。

根據報社的說法，一切只發生了七十五秒。一開始大家都只是很錯愕。然後這四個人就被捕了。他們四周的軍官們對著對講機狂吼：「這不是演習！這不是演習！」

四人被控故意破壞聯邦財產，每人判處聯邦監獄十年有期徒刑，可能還有二十五萬美元罰款。他們在美國地方法院法官特倫斯·威廉·鮑威爾（Terrence William Boyle）面前認了罪。

鮑威爾法官在他們服刑九個月後釋放了約翰·迪爾和菲利普·貝里根。費德里奇和費德克森則又在獄中待了一年。二十年後，在一封由《國家天主教報導》發表的公開信中，約翰·迪爾這樣寫道：「我加入耶穌會，並不是要整天坐在那裡，和其他信徒一起喝酒或看電視，而是要追隨那位只是在聖殿中進行公民不服從運動，就被人處死的耶穌。」他表示。

費德里奇所做的一切行為，也都抱持著這樣的信念。在他年輕時，他把所有注意力都放在遊民與全球貧窮問題上。他在一九八七年開始吃素。六年後，因為讀了法蘭西斯·拉佩的《一座小行星的飲食》，他決定發起空軍基地的任務。這本書是第一本批評肉品的大作，說肉類既浪費資源又不夠永續經營，並且會加重全球短缺的問題。他轉變飲食習慣的原因，其實和動物福利毫無關係，他更在乎的是全球正在挨餓的人類。根據他的說法，當人類攝取一大卡的熱量時，動物們卻在攝取九大卡的熱量。對費德里奇而言，這無疑是在從更需要的人口中奪取食物。

「我們收割作物餵給動物吃，好讓我們能吃這些動物，對我來說既違反道德，也不符合我的基督教信仰。」他說。「那在道德上就等於把食物丟掉一樣。」

後來他又讀了安德魯．林賽（Andrew Linzey）的《基督教與動物權》（Christianity and the Rights of Animals）並深受影響。

「然後種種因素集合了起來。」他說。「突然之間，從馬太福音二十五章的角度來看，動物發生的事才是最重要的——其他動物也和人類一樣受到上帝的喜愛，但絕大多數人從未想到這點，包括基督徒。」

他與動物善待組織合作了幾年，因此認識了喬許．巴克和其他有影響力的人，這些人後來對細胞培養肉展現的興趣，也幫助費德里奇找到了新的抗議途徑。經歷了幾年的激進主義運動後，他的個人作風已經有些改變，但他的核心價值卻還反映在這領域中的許多其他人身上。他們一開始對整個制度保持著批評態度，是較為頑固的激進主義者，然後轉向使用資本主義來顛覆部分制度的意識形態。這些人來自各行各業，有些是科學家，有些是說客，有些是企業家，有些甚至是創投資本家。

因此，當泰翠克從零開始打造自己的公司，從企業的角度來解決動物福利問題時，費德里奇則創立了「好食品研究所」，後來也成為了大型運動的核心樞紐。

* * * * * *

當然，並不是每位有影響力的純素主義者都用費德里奇這樣的方式來表達自己的意見。隨著越來越多公司加入這個產業（現在已經有三十幾間），他們都在尋求資金，而幸運的是，有一大批純素投資者正急切地想成為他們的早期支持者。

最初研究細胞培養肉的投資公司包括Stray Dog Capital、Clear Current Capital和New Crop Capital等等，每一間公司的管理層幾乎都吃素。

「我們不是試著讓全世界都吃素，我覺得這是不可能的，我們是試著從根本改變，這對我來說很合理。」風險投資家寇特・歐布萊特（Curt Albright）告訴我。「這樣的產業看起來很不錯。」

歐布萊特在二〇一七年夏天退休。在過去二十六年中，他一直是一位投資銀行員，而他的生涯有大半時間都在北卡羅萊納的Vining Sparks事務所中度過。歐布萊特從小就對數字特別敏銳（他很小就在看《華爾街日報》觀察股票走勢了），而他迫不及待地想要將時間與精力投入細胞培養肉的運動裡。所以他去找了費德里奇，想知道自己能幫上什麼忙。快轉幾個月後，歐布萊特便創立了Clear Current Capital，這間創投公司招募願意對十五至二十間新創公司投入二十五萬美元以上的投資人。在所有細胞培養肉公司的投資之中，歐布萊特坦承他最看好的是

Memphis Meats，以及專門研究培養海鮮（尤其是藍鰭鮪魚）的Finless Foods。

「我覺得這就像是在幫機器上油。」他告訴我。「我們需要資金，也需要流動資產。我們募到越多錢，就能讓機器成長得越快。」

而由純素者們所投資的世界，當然少不了他們獨特的團隊。這些資金巨頭成立了「玻璃牆聯合組織」（GlassWall Syndicate），將創投者、非營利組織、信託公司、基金會，還有個體投資人串連起來。創立這個組織的人，正是Stray Dog Capital的董事長麗莎．費利亞（Lisa Feria）。

費利亞在通用磨坊這個全美超市都能見到的品牌展開了她的職業生涯；接著她去了寶潔公司從事消耗品相關的工作。她就是在這個時期成為純素者的。她的投資立場，是想要將動物從全球生產鏈中移除。不管這意味著以細胞培養皮革、提供製造非動物性明膠的新創公司資金，還是投資細胞培養肉的新創公司，費利亞知道，如果這些新創想要挑戰數十億美元的市場現狀，那麼投資者的意願將顯得至關重要。

「我對這些公司的投資主要有三個面向：他們草創初期時的資本、我們能提供的網絡與窗口，還有想辦法建立與其他公司之間的連結。」她說，一邊強調她總是會在新創公司的草創初期就投入資金。「我們不希望這些公司在真的發揮潛力前就垮臺。」

New Crop Capital成立於二〇一五年，由一位名叫克里斯・克爾（Chris Kerr）的純素者所經營。他在食品科技領域中的足跡，也許「純素者守門人」這個《彭博商業週刊》某篇介紹他的文章所下的標題就說明了一切。在那篇文章中，克爾堅定地表達了在過去幾年中越來越明顯的事情：「純素革命落在我們身上，而且還有賺錢的機會。」

「作為一個物種，我們已經被困在一個營養系統中，而隨著這個系統規模不斷擴大，它總有毀滅的一天。我們太習慣不斷地把營養吞進體內，這是很難打破的習慣。」克爾解釋道。

想要大量生產這些全新的純素食品，必須採用現行的複雜流程來製造；另一方面，想要走向全世界，新創公司將會需要資金。很多的資金。這些資金總額有兩千五百萬美元，已經投資了Memphis Meats、Beyond Meat和New Wave Foods等公司，費德里奇則是管理受託人。

希望幫助這個新興產業的不只純素者。在看見了該產業的潛力後，以植物為本和以細胞為基礎的肉品公司，也引起了食品和金融界某些知名公司的關注。高盛集團在二〇一八年一月時投資了Ripple Foods，使他們最後在該輪募資得到了六千五百萬美元，這間公司主要是用黃豆製作牛奶的替代品。Impossible漢堡排的製造商Impossible Foods，則得到了瑞士銀行、比爾・蓋茨、新加坡主權財富基金，以及JUST最初的投資者科斯拉創投的資金。泰森食品、嘉吉和理查・布蘭森則選擇了克爾已經投資的Memphis Meats。

這個情況很不尋常。巨額資金和純素行動主義者擦出了火花，找到了一個共同的節奏，一個可以促使兩方共同獲利的目標。工業化在許多方面對勞工造成了嚴重的傷害，使人們的健康狀況大受影響，並且使世界變得更加骯髒。現在，有了這兩方勢力的共同力量，較樂觀的旁觀者也許會認為，這個由純素者們發起的願景，在透過其他勢力的共同推動之下，可能真的非常有機會使一切變得更好。

然而，在這股熱潮的表面下，還是有一絲無法抹滅的焦慮感。投資人和行動主義者在討論到細胞培養肉或其他肉品替代品的時候，總是講得像是在和時間賽跑一樣。

他們確實是在和時間賽跑。我們都是。

聯合國在二〇一九年十一月時承認，想要將全球暖化控制在攝氏一點五度以內幾乎是不可能的。這當然不是個好消息，因為科學家們都已經證實，任何超越那個範圍的暖化，都將對地球上的生物造成災難性的影響。

「在接下來的幾年中，並沒有溫室氣體的排放會達到高峰值的跡象。每年推遲的高峰期，代表著我們需要更快、更深入地減少這些氣體的排放。」聯合國的報告說道。

對我們來說，氣溫上升攝氏一點五度或兩度，差別究竟有多大？真的很大。如果人類不盡快採取認真的行動，萬一氣溫真的上升到那個程度，那麼全球海平面上升的平均高度將達到十公分，許多植物和無脊椎動物將大規模絕種，珊瑚礁也幾乎會完全消失。

「畜牧業對溫室氣體的排放和水資源浪費的影響非常巨大。」新加坡的企業家兼投資人巫松尼表示。「這是個無法永續經營的產業。我們必須找到能永續提供蛋白質的管道。我們得想辦法用同樣或更少的土地資源，培養出兩倍的牛和三倍的豬，而方法絕對不是開發更多機械化農場。」

巫松尼也公開表示，穿戴式科技的產業（在他愛上食品科技之前，這是他最初的起點）並不是他的熱情所在。所以他才養成了培養其他額外興趣的習慣，這讓他不僅開始關注食品科技所帶來的科技進展，也對這批培養肉新創公司能對全球暖化問題能帶來的潛在影響，產生了很大的興趣。

「我從來沒有見過這類型的公司。」巫松尼告訴我。

他散發著生存主義者的氣息。巫松尼和我說了一段自己去拜訪灣區某個暖化研究科學家友人時發生的事。他與當時加州大學柏克萊分校國家地球表面動力學中心的傑克．史卡利（Jack Sculley）坐下來談話時，他向這位學者請教地球在未來幾年內的氣候危機中可能會經歷的幾種氣候模型。他淡然的反應使巫松尼震驚不已。

「當時我說：『靠，老兄，你怎麼能夠這麼冷靜地說出這些話啊？』」他回憶道。「也許他已經默默接受這個事實了。但是我拒絕相信他。不。我們還沒有到無法挽回的地步。」

他頓了頓，思索著氣候變遷將帶來的改變。這樣的念頭使他又擔憂了起來。

「我們確實徹底搞砸了。」他說。「我們現在就得做出改變，否則我們的後代子孫就連大學都不用念了。我不知道自己是不是太杞人憂天，但氣候變遷這件事非常、非常真實，比一般人想得恐怖太多了。」

在巫松尼眼中，食品科技是能夠同時提供糧食，又為未來的世代保存地球資源最好的方法之一。

實際上，巫松尼和他的投資人們，並不是第一批注意到細胞培養肉的潛力而決定要投資這個點子的人。善待動物組織的創辦人英格麗・紐寇克告訴我，她幾年前在報紙上讀到威廉・范・艾倫的事後，就覺得這是一個值得嘗試的方向。但這個點子在她當時的純素者圈子中並沒有獲得太多的迴響。不過，組織在過去就已經將一部分的資源投資在細胞培養肉的早期發展中。紐寇克對泰翠克、巴克、費德里奇和這個領域中的其他純素者們致意，但也半開玩笑地對他們開了一槍。

畢竟，就是在她的組織所撐起的保護傘下，這些人才有發跡的機會。

「這些孩子已經準備好離家，讓網路世代的人來發展這個夢想，我們祝他們好運。」

此時，這些孩子正在世界上尋找販售細胞培養肉的地點。

「這件事究竟什麼時候會發生啊？」我問泰翠克。

他心虛地微笑。這對他來說是個好問題。畢竟，二〇一八年時，他一整年都在宣稱他們年底之前要上市。好吧，他們是遇到了一些阻撓。但是二〇一九年的年底也快到了，這個問題很值得再次被提出來。

「我認為我們會在年底做到。」他說，意指新加坡會是第一個上市的國家。

我點點頭，內心想著：「到時候就知道了。」

第十一章　食物大戰

一般人真的很難不被華盛頓特區龐大的官僚體系嚇倒——這個體系是由政客與官員用複雜的政策打造出來的。對於政策記者、律師和遊說者來說，學習如何在這個世界中穿梭是一項全職工作，他們的任務是理清利益衝突、高昂的情緒，以及矽谷對華盛頓日益增加的壓力。現在，立法者面臨著越來越大的挑戰，得重新建構一個打破過去慣例並擁抱新技術所帶來之可能性的世界。人工智慧、隱私問題、零工經濟對勞動力和企業的影響，以及實驗室培育的細胞培養肉，都是如此。

在人們看不見的地方，和細胞培養肉相關的政策挑戰不勝枚舉，但在檯面上，最大的問題只有兩個，而且似乎很簡單：「這東西是真的嗎？它安全嗎？」

有一段時間，這兩者都還只是人們私底下偷偷討論的問題，而緊張的畜牧業者與農場主人們，只是挑著眉看著報章雜誌，細數著這些公司有多努力要將細胞培養肉推上市場。在和我的對談之中，有好幾個肉品工業團體的代表都用「假肉」來貶低這種新科技。對他們來說，這並不是上帝派來對抗氣候危機的使者，而是會毀了他們生計的威脅。而在許多狀況下，細胞培養肉的概念光是存在，就足以威脅已經傳承了好幾世代的家族事業。

為了表示他們已經受夠了，美國畜牧業者協會（US Cattlemen's Association）在二〇一八年二月時，向美國農業部的食品安全檢驗署（FSIS）提出了一份長達十二頁的請願書，要求他們將「肉」的定義縮小到只包含以傳統方式取得的動物肉。

隨著這場戰爭在二〇一八和一九年越演越烈，我開始感到奇怪，難道我們的國家食品政策一直都是基於所謂的「傳統」概念嗎？標準的傳統主義意味著，我們的糧食系統在某種程度上看起來像是以五十年前的模式在進行。但是並沒有。雞蛋或肉品公司可能會在食品包裝的正面印著田園農莊的場景，但實際上很少有雞蛋或肉品，真的來自在那種環境裡生長的動物。將蛋雞擠在狹小的空間裡，把成千上萬隻不生蛋的小公雞活活壓死的大型農場，或者容納了六千多頭豬的工廠化農場就符合傳統了嗎？而更重要的問題也許是，保有如此殘酷而大規模運作的「傳統系統」，對我們又有什麼好處？

「今天我們養牛的方法，對我們的曾祖父母那一輩來說，也是無法想像的。」好食物研究所在一篇駁斥牧場主人請願書的文章中寫道。「如果美國農業部將肉品和牛肉的種類限制在以『傳統方式』出生、飼養和宰殺的肉，那麼，現今市場上幾乎沒有肉品可以貼上這樣的標籤。」

同樣的，有些人也可能會認為細胞培養肉公司很卑鄙。他們主要的行銷策略之一，就是試圖告訴大家，以分子的角度來說，他們的產品和肉是一樣的；而他們做的肉丸、香腸和雞塊，也是令人安心的同一種材質，應該可以喚起人們的熟悉感。此外，他們的品名也努力向大眾傳達這一點，儘管Mission Barns生產的培根，幾乎和穀倉一點關係也沒有；Aleph Farms也沒有在農場中培育他們的肉；Memphis Meats總部的實驗室位於柏克萊市中心，距離田納西州西南部的同名城市有兩千英里遠，那裡才是擁有豐富燒烤文化的城市。

遞交請願書的同時，美國畜牧業者協會認為，是時候把現今肉品生產系統和高科技實驗室所夢想的食品系統區分開來了。畜牧業者要求聯邦政府採用一種新的定義——在華盛頓被稱為「標識標準」（standard of identity），將細胞培養肉公司從肉品市場中剔除。

從歷史的角度來看，這其實是個常見的戰術。但是，用在肉品業的話，它卻很難產生什麼作用。美國雞蛋業者試圖迫使泰翠克的JUST停止用美奶滋這個名字銷售植物性替代品，因為真正的美奶滋必須包含蛋的成分，但他們失敗了。在過去的十年中，乳製品產業也對植物性牛奶進行了若干次的挑戰，試圖禁止他們在包裝上使用「奶」這個詞，但同樣也失敗了。

「如果它是從種子、堅果、豆子榨出來的，那就不是『奶』。」國家製乳聯合會（National Milk Producers Federation）的主席吉姆．莫亨（Jim Mulhern）回應國會打擊牛奶替代品所做的努力時說道。「自從我們第一次對這些產品的不實商標提出擔憂後，這麼多年來，我們已經看到了很多仿效者，在大麻籽、豌豆或藻類等產品上都加了『奶』這個字。」

也許是意識到了這些產業的損失，第二個牛肉產業團體：國家畜牧業者牛肉協會（National Cattlemen's Beef Association）在遞交原始申請後一個半月，又提交了一份正式請願書。奇怪的是，它要求政府不要採用它的姊妹團體給出的定義。這十分令人意外。美國肉品產業在面對政治問題時，幾乎都是同一陣線的。

但在這件事情上，牛肉產業卻分裂了。美國畜牧業者協會表示，這些新食品應該交由美國食藥署監管，因為他們本來就負責管理乳製品、海鮮、農產品、連同植物性肉品在內之包裝食品的單位。國家畜牧業者牛肉協會則認為，這應該是美國農業部的範疇，因為他們要監管的是經過屠宰場產生的肉品。另外還有一批人認為應該是雙方共同的責任。

「如果實驗室生產或培養肉的製造商希望將這些產品稱為肉類，他們就必須遵守與所有其他傳統肉類食品一樣嚴格的食品安全檢驗標準，並遵守相同的標識規定。」牛肉協會在寫給政府的信中說道。

對此，大多數的細胞培養肉公司最初都表示不介意受到美國食藥署的監管，因為美國食藥署本來就負責監督醫學研究和製藥產業，他們對細胞培養的過程也會有更專業的了解。

在整個美國歷史中，新食品的引進總是少不了這些鬧劇。現在這些戰術一下就會被人識破了，因為每一場戰爭幾乎都是這樣開始的：一個成熟的團體，總會想藉由公開貶低這些新產品，好破壞新產品的名譽（像是畜牧業者將細胞培養肉稱為「假肉」）。

然後，他們會試著利用政治影響力，破壞新產品在經濟上發展的能力。抹黑和貶低。洗白再重來。這是一套具有百年歷史的老劇本。

一八七五年時，人造奶油的製造商們首次越過大西洋，從歐洲來到美國市場試試手氣。這種抹醬在一八六九年被法國化學家希波呂特・梅格・莫里伊斯（Hippolyte Mège-Mouriès）發明出來，當時的主要成分為牛的脂肪。

為了響應一八六六年巴黎世界博覽會公布的一場競賽，莫里伊斯創造了這項食品。由於俾斯麥在普魯士進行的軍事化，加上奶油價格過高（對新一波的城市居民而言），法國政府決定出資舉辦一場最佳奶油替代品的競賽，希望能找出一種適合底層階級和軍隊使用的低價替代品。莫里伊斯隨後將人造奶油的專利出售給荷蘭的Jurgens公司，該公司現在由跨國食品巨頭聯合利華所有。

根據威斯康辛州歷史學會的史料，這種產品在進入美國市場時也受到了極大的質疑。它在乳製品界中被視為一種欺詐性的產品，一場「本世代最大的騙局」，會使消費者不疑有他地將其視為「真品」。

今天，我們也許把奶油和人造奶油視為餐桌上無害的兩種食材，但是這兩個團體之間的鬥爭，在美國歷史上尤為重要，後來甚至發展成美國最惡性的政治性食物大戰。這場鬥爭的核心人物是威廉·鄧普斯特·霍德（William Dempster Hoard），他是一名乳製品業者，後來成為了威斯康辛州的州長。

霍德的偏執帶動了美國乳製品遊說團體的風氣。由於擔心人造奶油會導致乳製品產業衰落，他於一八七二年成立了威斯康辛乳業者協會（Wisconsin Dairymen's Association），也是最早出現的乳製品遊說團體。該團體負責將團員帶到全國各地的州議會議員面前。一八八一年，密蘇里州便徹底禁止了人造奶油。三年後，紐約州也隨之仿效，緬因州、明尼蘇達州、威斯康辛州、俄亥俄州、賓州和密西根州也跟進了。到一八八六年時，已經有二十四個州通過了限制人造奶油的法律，其中五個州甚至規定這種產品必須染成粉紅色，因為奶油製造商對人造奶油的生產商總是將產品染成黃色感到很生氣——儘管奶油製造商也經常將自己的產品染成黃色。

同一年，二十六個州的乳製品集團聚集起來，在紐約舉辦了一場會議，討論一份他們將帶往華盛頓特區的案子，以說服國會議員不僅要打擊人造奶油，而且要正式為奶油下定義。他們成功了。一八八六年，《人造奶油法案》三讀通過。八月二日，當時的總統格列弗．克里夫蘭簽署了一項法案，正式定義奶油，並對國內生產的人造奶油徵收每磅兩分錢的稅，對進口人造奶油徵收每磅十五分錢的稅，並向人造奶油製造商、批發商和零售商收取昂貴的牌照費用。三年後，霍德以威斯康辛州長的身分，建立了一個新的州立機構：乳製品和食品委員會，負責檢查和測試奶油和起司的真偽，使他掌管的州成為這份反人造奶油法最積極的執法者。直到今日，除非顧客有明確的要求，威斯康辛州的法律仍然禁止在餐廳的餐桌上擺放人造奶油。

當今的傳統肉品生產商，在用詞和定義方面，也在進行類似的鬥爭。但是，這些遊說組織並非試著要給細胞培養肉某個特定的形象，而是一間州議會接著一間州議會地拜訪（通常是由共和黨執政的州），試圖說服立法者通過對細胞培養肉限制的法令，限制他們產品命名的範圍——這也是細胞培養肉的小圈子中辯論得最激烈的一個主題。這讓人聯想到聯合利華和JUST為了美奶滋一詞所產生的戰爭，有關用詞的法律鬥爭，通常是食品巨頭的第一道防線。

當威廉・范・艾倫第一次提起這個技術時，他稱之為「試管肉」，不過這個詞對推著超市推車的消費者來說，實在不太有吸引力。泰翠克說他把它稱為「肉」。有些廠商則想著要叫它「細胞性肉品」。二〇一六年時，費德里奇則將這視為好食物研究所的核心任務，要為這個新興產業找出一個可以大方使用的名字。

他召集了專門小組，詢問他們對於以下幾個名字的看法：試管肉、培養肉、純淨肉、實驗室培養肉、實驗室製造肉等等。但是會議結束後，還是沒有一個清晰的解答，因為每個詞都有讓人質疑之處。儘管如此，費德里奇和運動中的其他人還是選擇了「純淨肉」這個名字，他們希望能讓消費者聯想到「純淨能源」的概念。如果食用細胞培養肉能減少溫室氣體排放，並減少水資源和土地的浪費，那麼採用對環境友善的命名並不是無中生有的。它也有助傳達另一個積極的概念——這還只是個理論——在受控的無菌生物反應器中，細胞培養肉可以減少細菌感染的機會，這意味著沙門氏菌、大腸桿菌和諾羅病毒所造成的威脅也會減少。

二〇一七年春天，在以色列海法所舉行的首屆細胞培養肉會議上，與會者共同決議這個名詞的使用與否。儘管並不是壓倒性的勝利，但業界普遍認為這是目前國際上的最佳用詞。

因此，費德里奇和好食物研究所努力在與企業人物和媒體見面時推行這個詞，而證據顯示，這些努力確實是有回報的。美國第二大牛肉生產商嘉吉的執行長大衛．麥克倫南（David MacLennan）在二〇一七年九月接受福斯電視臺的瑪麗亞．巴蒂羅莫（Maria Bartiromo）現場採訪時使用了「純淨肉」一詞。泰森食品當時的執行長湯姆．海斯（Tom Hayes）於二〇一七年十月在《華爾街日報》主持的食品產業專題中也提到了這個詞。這個詞也出現在各大重要期刊（包括《華爾街日報》和《彭博商業週刊》）中，使它在流行論壇中逐漸立足。

即便如此，細胞培養產業卻還沒有完全接受它，而且這是有理由的。身為先驅的馬克．波斯特就說他不喜歡這個詞，因為它無法確實翻譯成其他語言，包括荷蘭語，他認為這會讓人以為肉是經過清洗的。

艾拉．范．艾倫也有疑慮。「純淨肉」一詞本質上就帶有批判性。將一個新產品稱為純淨產品，就像是在暗示舊產品很不乾淨。這很可能會造成人們不悅。「如果你希望某人能夠做得更好，請千萬不要說他們正在做的事情很糟糕。」她告訴我：「這很不公平，因為這是他們唯一能取得的肉。在文化上，人們吃肉是很正常的一件事。我們得友善一點。」

在接下來的兩年中，「純淨肉」一詞背後的聯盟似乎動搖了，而華盛頓的肉品遊說團體正在試圖說服川普政府採取行動，使新創企業更難將產品推向市場。這段時間中，嘲諷地使用「假肉」一詞的畜牧業者數量開始增加。顯然，暗示他們的食物「骯髒」令這些人非常不滿。

就像乳製品業者向人造奶油製造商提出質疑一樣，美國畜牧業者也對細胞培養肉有許多不滿。畜牧業者對細胞培養肉的實際分子組成沒有太大的興趣，反而是對它的社會和文化內涵感到十分恐懼。他們每一次的公然針對或給予負評都不是著眼於產品本身，而是產品沒有的特質。值得注意的是，牛肉產業並沒有要求政府審視細胞培養肉的營養成分，或是思考以分子的角度來說細胞培養肉究竟是什麼，儘管這些才是實際該問的問題。

他們之所以不問，也許是因為這本來就與科學無關，也許這從頭到尾都是社會學層面的問題。正如一九八二年一篇標題為〈人造奶油的威脅〉的文章中所言，奶油是重要的指標，並不是因為好吃，而是因為「想起來很美好」。對乳製品產業來說，奶油體現的是牧場上乳牛遍布的繁盛景象——牧場主人們認為這代表的是「美好的過去」。緬因州的乳牛畜牧業者哈里斯·路易斯（Harris Lewis）在一八七五年所說的一番話，更是體現了這個邏輯。

「令人遺憾的是，世界上最完美的食物：牛奶以及它的衍生製品，為了滿足油嘴滑舌之人的非法行為和過分貪婪，現在已混入了雜質，甚至危及全國乳業的利益。」

同樣的，許多現代牧場主人也開始用這樣的心態看待自己和他們的產品。因此歷史又再一次重演，一個成熟的產業，拿出他們具有某種儀式意義的食品，與高科技的菜鳥公司一較高下。這是以捍衛古老道德自居的堅定支持者，與被視為威脅的廚房入侵者之間的激烈交鋒。

傳統肉品的擁護者迫使新創公司浪費時間和金錢在名詞的紛爭上。但是，即使他們得到了想要的一切，也就是法律制裁與規範，或成功給細胞培養肉的製造商帶來巨大困擾，這種策略真的會使人們對這種未來產品失去興趣嗎？歷史告訴我們，可能不會。

乳製品產業對人造奶油的掌控持續了二十年之久，最後他們的努力還是瓦解了——毀在消費者，而不是決策者手中。一九二四年，華盛頓和奧勒岡州的居民透過公投廢除了奶油替代品的禁令。一九二六年，加州的選民也取消了對人造奶油徵收每磅2%的州稅。一九五〇年，在國會議員的激烈爭執之後，《人造奶油法案》終於廢除，取而代之的是取消對人造奶油及製造商徵收任何額外稅金的法令。在一九五〇年代末，人造奶油的每人平均消費量正式超過了奶油，而且受歡迎的程度持續攀升，直到一九七〇年代後期。一直要到二〇〇五年左右時，人造奶油的消費量才再度輸給奶油。

成熟的產業組織之所以每次都無法擊敗新技術，包括人造奶油、植物性牛奶和越來越多的植物性肉品，有一個非常明確的原因：消費者總是喜歡嘗鮮。這有時是因為經濟上的因素（在經濟蕭條時期人造奶油比較便宜），有時是出於健康的顧慮（植物性牛奶與傳統牛奶的營養成分不同），有時也可能是出於道德上的考量（細胞培養肉對環境更好，對動物也更友善）。

細胞培養肉當然也有令人裹足不前的地方。它挑戰了我們安排飲食的許多基本邏輯，使人們不得不去思考，我們該多依賴大自然？將我們的未來交給過度加工的食品真的是明智之舉嗎？我遇到很多人對這個概念有明顯的負面反應，但也有許多、許多的消費者想要體驗過再做決定。

即使奶油製造商對人造奶油進行攻擊，歷史數據卻顯示，人造奶油的消費量持續飆升。在美國國會通過《人造奶油法案》後的六年中，人造奶油製造廠的數量或許從三十四間減少到十七間，但在那段時間中，消費量不減反增，更在接下來的幾十年中持續增長。一八八六年，每人平均年消費量約為半磅。一九二〇年時，每人平均年消費量大約是三磅半。到一九七〇年時，這個數字甚至攀升至超過十磅。歷史證明，如果消費者喜歡某種產品，哪怕是找來了聯邦政府和州政府，也沒有任何一個產業能夠扼殺消費者的熱情。

「我當然知道，畜牧業者遊說團體都對替代產品感到不安。」全國蛋農協會（National Association of Egg Farmers）前主席肯・克里彭（Ken Klippen）表示。「但是我認為人們只是害怕改變，而改變近在眼前。我從事這行已經四十年了，在過去五年所產生的變化，比我過去三十五年內看見的還多。我們必須學會妥協。」

另一方面，細胞培養肉公司變得越來越有創意，還找到了重量級的盟友。畜牧業者也許還在用古老的玩法，但肉品產業中的其他人，包括大型加工廠，並非完全和他們同一陣線。Memphis Meats在二〇一七年宣布與嘉吉建立了投資夥伴關係，並在二〇一八年初與泰森食品簽了同樣的合約。差不多在同一時間，以色列的新創公司SuperMeat，也宣布他們得到了歐洲第三大家禽生產商PHW集團的投資。二〇一八年七月，Mosa Meat與瑞士的貝爾食品集團簽署了兩百二十萬美元的投資協議。泰翠克則持續與JBS保持著曖昧的關係。這意味著，這些大公司至少對高科技新創公司所提出的產品很感興趣——而這與過去失敗的策略顯然背道而馳。

然後，那些大型肉品公司的用字遣詞開始改變了。他們不再將自己視為肉品公司，而是「蛋白質公司」。這是一個聰明的做法，而且也許會使他們成為一場由消費者主導的運動的先驅。當人們開始採用這個名詞時，位於洛杉磯的Beyond Meat已經成功地將他們的植物性漢堡排帶入了美國主流連鎖超市裡，並以印有「漢堡排」字樣的盒裝展示在貨架上，就擺在傳統的牛排和牛絞肉旁。Beyond Meat和競爭對手Impossible Foods的成功，代表著美國肉品產業的巨大改變。而大型肉品公司可能接受替代性蛋白質的跡象，最早出現在二〇一七年三月，當時泰森食品公司的執行長湯姆・海斯在福斯電視臺上，公開表示消費者的需求正在促使他的公司改變營運思維。

「全世界的蛋白質消費量都在成長，而且還在持續中。」海斯說。「不只美國，全世界都需要蛋白質。因此，無論是動物性蛋白質還是植物性蛋白質，人們都很感興趣。截至目前為止，植物性蛋白質的銷量成長甚至比動物性蛋白質快了一些，因此我認為這就是未來成長的方向。」

當時，這些話會出自一位肉品產業的高階主管，完全就是個例外，且不在常理之中。不過泰森食品確實照著他們所說的方向在進行投資。這件事發生時，他們已經收購了Beyond Meat 5%的股份。在大型肉品產業所產生的變化，正好證明了一點：消費者與肉品互動最直接的購物場所，正在展開他們自己的替代性肉品革命。商店的「肉品區」很快就改名成「蛋白質區」，為各種新興的非傳統肉品打開了一道門，使它們得以離開特殊食品區，進入肉品的展示櫃裡。

我認為這裡有個重點必須聲明，那就是乳製品產業最終還是在與人造奶油的戰爭中獲勝了，只是並非透過凶暴的逆向行銷或是遊說政府介入市場，而是因為製造商在人造奶油的承裝桶中加入了氫化油，試圖使它更容易保存，才導致它失去了消費者的心。在一九九〇年代，氫化油與心血管疾病息息相關，包括心臟病、中風和糖尿病。這就是為什麼在我青少年時期滿冰箱的人造奶油突然全都消失了，被奶油所取代。根據美國農業部的數據顯示，美國的人造奶油消費量在一九七〇年代後期達到顛峰，每人平均消費量大約十二磅，到二〇一一年時，卻跌至不到四磅。

在對細胞培養肉有所了解之後，我認為這項新技術不會步上人造奶油的後塵。不過，值得注意的是，牛肉產業在對細胞培養肉類的首波攻擊中，並沒有質疑這種高科技產品有什麼長期健康風險。這似乎是很重要的一點，因為雖然細胞培養肉製造商說自己的產品比較「純淨」，並聲稱它們具有與傳統肉品相同的營養成分，但在二〇一八年和二〇一九年，牛肉產業和消費者都無從驗證他們的說法。我們把細胞培養肉公司說的話照單全收。當然，這種產品的長期影響（如果有的話）依然是未知的。也許它最終會和人造奶油一樣。

有關監管單位的辯論，也再再顯示了政府對技術創新的態度。JUST至少有鴨肉香腸和鴨肝醬這兩種產品在二〇一七年底就準備好可以上市，Memphis Meats也已經開始舉辦小型試吃會，讓民眾品嚐他們的牛肉丸，但由於美國食藥署和美國農業部還沒有為這些產品開創一條進入市場的途徑，導致他們的上市計畫都被耽誤了。為了解決這個問題，矽谷的新創公司開始僱用外部遊說團體，以幫助他們了解首府錯綜複雜的政策手段。JUST向史都華・沛普（Stuart Pape）尋求幫助，他在一間華盛頓的遊說公司Polsinelli工作，為需要更進一步了解美國食藥署和美國農業部常見法規的客戶服務。在加入Polsinelli之前，沛普曾在美國食藥署的主任顧問辦公室擔任過多項職位，包括食品副顧問。他還擔任過前美國食藥署署長唐納・甘迺迪（Donald Kennedy）的執行助理。根據沛普的說法，其實並沒有簡單明瞭的方法能讓政府參與有關細胞培養肉的議題，這最終會是一場教育戰。

「目前還沒有一個既定的流程可以讓他們照著做，並和你共同創造一些還不存在的監管方式。」沛普告訴我。「這不像是開會時，你給某人一份文件，然後讓他們對你的文件發表感想這麼簡單。」

「這個過程就像是一種求偶儀式：泰翠克首先唱起技術的讚歌，他和政府機關圍繞著這個主題跳舞，政府做出曖昧又猶豫的退縮，隨之而來的是更多的舞蹈和歌頌，而最後，漸進式的行動終於出現了。準備工作通常前進得和蝸牛一樣慢。而這其中的進展多半沒有時間表，不會按照精心策劃的時程發生。有些時候事情會變得很棘手，就像是『六輛計程車同時擠在曼哈頓的一個十字路口』。」沛普說道。

整體而言，國家牛肉協會堅持要美國農業部來監管細胞培養肉的舉動，雖然令人大為振奮，卻也非常危險。透過提倡細胞培養肉的新創公司要由監管傳統肉品的政府機關監管，這些業者基本上給了矽谷的科學家們一直想要的東西：高科技肉品的平等立足點。不過，這也可能是個監管的陷阱。長期以來，美國農業部便一直因為同時監管及推動農業產業，而不斷遭受到批評。幾間細胞培養肉公司告訴我，他們擔心自己在美國農業部的影響力不敵傳統團體，所以在美國農業部的規範下，他們會被迫在不公平的環境中競爭。這也會使傳統肉品公司有資格對細胞培養肉的監管方式指手畫腳，這可不是矽谷所樂見的。

「我不希望畜牧業者協會或牛肉協會把我們逼到死角。」好食物研究所的潔西卡．艾米（Jessica Almy）這樣告訴我。「我覺得他們試著想要奪走主導權，但他們沒有資格。」

沛普認為農業部很難成為監管細胞培養肉的主要機關，並指出這個任務應該落在食藥署的管轄範圍內，因為農業部自古以來的專業都和細胞培養產品的流程毫無關係。

「這跟監管動物送去屠宰場時的健康狀況，或是監督動物屠宰的方式可不一樣。你當然有各種說法來討論食藥署能不能監督所有食品，但這只是保護主義的思想而已。」

沛普試著找出一套替代方案。在他的估計中，細胞培養肉公司的道路無法適用於任何一套現存的監管架構，最好的方法是和政府合作，建立一套專門用來監督細胞培養農產品的流程。

「這會是一條很艱辛的道路，但很值得。」沛普說。不論這件事要怎麼進行，至少有一件事情是他可以確定的：在沒有食藥署的認證下就讓產品上市，絕對是錯的。技術上來說，食品、飲品或營養品不需要食藥署核准就能上市。這些公司都得向食藥署註冊他們的產品，但註冊並不表示正式批准。用最快、最簡單的方式來上市，對細胞培養肉領域的所有公司來說，幾乎都是個壞主意，這會讓消費者認為這些公司並不重視食品安全，就算他們對自己的產品極具信心也一樣。任何令消費者產生不信任感的種子，最後都有可能成為整個產業的公關惡夢。

「這會是所有策略中最愚蠢的一種。」沛普說。「如果一間公司沒有進行某種形式上的監管行為，那他們的產品基本上就沒有商業價值了。」

若能為細胞培養產品創造一套新的監管系統，派普希望可以達到一個恰到好處的平衡，不僅能讓政府獲得他們所需的一切資料，同時也可以讓這些公司保持活力，繼續吸引投資與創新。

「太偏向某一方都會把事情搞砸。」他說。

同時，沛普也十分清楚，肉品業者的團體手中握有終極大王牌。

「我們還不知道國會是怎麼想的。」他告訴我。「這些農業團體在國會中占有的席次多到足以造成影響。」

要吸引美國食藥署和美國農業部內部決策者的注意力本身就已經非常困難，更別提這還得在政府行政部門的保護傘下進行。遊說者的工作之所以如此艱鉅，就是因為他們還必須留意國會議員異想天開的決定，相關的利益集團很可能會說服他們採取某些行動，其中包括制定法規來對細胞培養肉進行監管（非常不可能發生的情況），或者在食藥署和農業部用來作為監管依據的大型法規之外，增加模稜兩可的修正案。

認真地追求議員們的合作就意味著要在政治上淌混水，但是，如果某個主力遊說團體認為機關內部並沒有合理地聽取或解決他們的擔憂，向國會提出上訴也將是一個選項。

需要考慮的變因實在太多了，對細胞培養肉公司來說，這種情況在二〇一八年初變得特別不穩定。美國農業一直受到川普全球貿易戰的打擊。這些小衝突對農業利潤造成了長期的傷害，使大部分的業者心驚膽跳。但是，肉品組織與總統的共和黨保持著接觸。在足夠的壓力下，川普可能會稍微給他們一點甜頭，要求美國農業部負擔起全權監管細胞培養肉的責任。

但接著發生了一件令人意外的事。美國食藥署突然跳了出來。

二〇一八年六月十八日，食藥署當時的最高官員史考特・戈特利（Scott Gottlieb）發布了公告，宣稱消費者和各公司對細胞培養肉的興趣大增，因此有必要為此舉行一場公開聽證會，並且會由他的機關進行主持。這份聲明裡沒有提到美國農業部，完全沒有。這件事因此惹毛了非常多人。

此一措舉與幾個月前美國食藥署的蘇珊・梅恩（Susan Mayne）在舊金山舉行的未來食品技術高峰會某一場會議中發表的言論一致。當時，她是美國食藥署食品安全與應用營養中心的主任。

「我鼓勵你們都和美國食藥署合作。」她告訴與會的企業家們。「集合你們的腦力和想像力，用來面對餵飽全世界的挑戰，幫助人們擁有更健康的飲食，為消費者提供更創新的選項。」

美國食藥署上演了這麼一齣戲，預設自己擁有監管細胞培養肉的權力，其實並不是特別讓人意外。畢竟，這個機關已經監管了80％的食品，包括大部分的魚類、農產品以及某些特殊肉品。相較之下，美國農業部監管的則是大部分的肉製品和鯰魚。為了更站得著腳，美國食藥署甚至表示他們監管細胞培養肉的權力是源自《聯邦食品、藥品與化妝品法》（Federal Food, Drug, and Cosmetic Act）。

這個操作讓整個論戰更增添了一抹不確定性。它破壞了肉品遊說團體的一些策略性舉動，並讓原本有一搭沒一搭的政策討論，搖身一變成了一場跨機關的激烈游擊戰。

「這真的讓人很意外。」牛肉協會政府事務主任丹妮奧．貝克（Danielle Beck）當時這麼告訴我。

對細胞培養肉公司來說，只能在旁邊看著的感覺實在太令人煩躁了。儘管如此，美國食藥署為他們站出來還是讓他們感到十分感激。這為他們提供了一線希望，也許他們真能創造出自己一心嚮往的新監管系統。

「國內和全球肉品產業的領導人們，希望能以永續的方式將動物性蛋白質供應給全世界，」泰翠克說，「這是一個應該讚賞的共同利益。我很高興美國食藥署能將我們所有人聚在一起，討論要怎麼實現這個目標。」

但是，他們還有一個大問題。美國農業部的官員對美國食藥署的公告感到十分不滿。他們不僅被排除在美國食藥署的公開聽證會之外，而且食藥署完全不承認他們在細胞培養肉的監管中有任何權力。

這兩個機關之間的嫌隙其實很令人擔心。美國食藥署與美國農業部之間的衝突越劇烈，細胞培養肉公司想要順利建構新監管流程的機會就越渺茫。

看見手下的兩個機關在大眾面前為了監管這種新技術吵得不可開交，白宮終於插手，召集了兩方的領導人，在六月二十二日開了一個不公開的會議。不過這場會議最後幾乎什麼也沒解決，因為不久之後，白宮農委會顯然是在受到某個肉品遊說團體的要求下，寫了一封請願書給政府。

「我們本來期待白宮的會議能使農業部和食藥署合作。」信裡寫道。「現在，我們要求當局在繼續審查這些新技術時，讓農業部與食藥署共同作業。」

兩週後，在波士頓舉辦的新收穫座談會上，整個細胞培養肉產業都引頸期盼艾瑞克．史克茲（Eric Schulze）的簡報。他是Memphis Meats裡的資深科學家。這間新創公司會僱用史克茲，完全是烏瑪．瓦萊蒂的先見之明，因為史克茲曾在食藥署擔任過六年的聯邦監管人員，專門處理新的生物科技。他的存在好像就是為了此時此刻。他擁有在政府內部的工作經驗，所以他給出的建議是眾所矚目的。他在會議上告訴同業的訊息非常簡單：大家得準備好面對前方的道路。

「這只是一個開頭而已，未來理所當然會往這個方向，也應該往這個方向走，我們要針對我們的產品，和他們展開非常透澈的對談。」史克茲說。「我們得投資成本。我們得投入時間和耐心，並且持續將產品透明化擺在我們的第一順位。」

接下來的那週，食藥署清楚地表示他們還沒打算在戰爭中認輸。

「這不是我們在這個領域中的第一場牛仔競技賽。」梅恩說，並表示他們的機關已經在安排秋季會議，要與他們的科學部門針對細胞培養肉進行討論。

傳統肉品產業被這個發言惹惱了，所以在二〇一八年七月十六日又投書給白宮，直接要求總統出面介入。這封請願書長達一頁，上面有「首都農場」（由七個強大的交易團體所組成的協會）的署名，以代表每年為美國經濟貢獻將近一兆美元的農產業者。

「如果細胞培養蛋白質的公司，想要獲得以肉的名義在美國行銷產品的權利，那麼為了保障公平且健康競爭的市場，他們應樂於遵守和其他人一樣的規定。」信中寫道。

隔一個月，大新聞就在細胞培養肉的圈子裡傳開了。史克茲設法與其中一個較有權勢的遊說團體「北美肉品協會」（North American Meat Institute）進行協商。該團體代表的是大型肉品加工廠，包括泰森食品。八月二十三日，兩方人馬一起寫了一封信給白宮，要求總統按照他們起草的一份提案來進行協調，他們相信這份提案能夠解決細胞培養產品監管的爭議。提案中，他們會讓食藥署和農業部進行聯合監督。

根據他們的計畫，將由食藥署負責確保細胞培養肉在上市前，通過所有的安全測試。農業部則負責後續細胞培養肉處理廠的監督，就像他們現在監督雞塊和熱狗製造流程的方式那樣——他們在全國超過六千間的屠宰場和加工廠中都設有稽查員。

這封信中還有個值得討論的部分。它用的是看起來非常中立的「細胞培養肉」，而不是原本提出的「純淨肉」，這化解了該產品最有爭議的部分。他們的用意是想以此平息兩個機關之間的鬥爭，或許也能成為一個榜樣，讓矽谷和現存的農業團體休兵。

策略奏效了。

二〇一九年三月七日，兩個政府機關宣布他們已經簽署了一份正式協議，將共同監管細胞培養肉。而那開啟了漫長的協商過程，試圖和所有參與其中的團體一同討論出更多細節，以釐清監管單位的實際職責。

對細胞培養肉圈子裡大部分的人來說，這個聲明似乎是向前進的一大步。另外，至少有一件事是可以確定的：在美國國內，史克茲和Memphis Meats居於領導地位，他們證明了自己有能力與現存的肉品業者平起平坐，在會議桌上達成協議。

儘管沛普希望能為細胞培養肉創造全新接監管形式的努力受到了阻礙，泰翠克倒是很快就接受了這個停戰協議。事實上，在整場政治角力之中，他似乎完全置身事外，任由其他人去努力，轉而把更多的時間花在美國境外。他已經把目光鎖定在完全不同的目標上了。

第十二章　海外發展

所有的話題性和新鮮感為人們留下了強烈的第一印象。二〇一六年十一月在北京舉行的騰訊WE大會上，場內的每一個人都定睛在舞臺中央的泰翠克身上。他穿著簡單的藍色牛仔褲和灰色毛衣，來回踱著步，然後轉向臺下一千多位觀眾。

「這個問題，過去五年來一直盤踞在我心中。」他說。「如果我們重新開始會怎樣？」

這個問題，他在談到細胞培養肉和植物性替代蛋時，就已經問過投資人與聽眾無數次了。但是，在這個場合提出來似乎特別貼切。騰訊是中國的一大勢力，有點像是把Twitter、Electronic Arts、Comcast和Netflix合併後，得到的一個價值五千億美元的巨大集團。參加這場大會的人們，都是對下一代科技進化極有興趣的企業家，而泰翠克正站在臺上，為觀眾展示如何用自家公司生產的植物蛋製作炒蛋。

他的演講長度大約半小時，而且收尾得很漂亮。在遠離家鄉的遙遠國度，他總是表現得很好。二〇一八年底，他回憶著自己身處北京舞臺，為JUST致力於將動物移出食品生產鏈的演講收尾時的感覺。

「人們超級興奮，紛紛喊著『我要樣品！』」他解釋道。「有一大群人朝舞臺擠過來，好像我在發的東西是鑽石一樣。如果在美國，人們只會舉著手說：『對，對，聽起來很棒，那給我一份吧。』」

這樣的熱情，使JUST更加堅定要往國際市場發展。所以當Memphis Meats專注在與美國監管機關的角力（儘管烏瑪．瓦萊蒂也說，他相信亞洲市場很有發展性），並成為這股力量實質上的領導者時，泰翠克則致力於從國外市場獲取更多關注，尤其是亞洲市場。

儘管他確實必須與亞洲各地，包括香港、中國和新加坡的食品監管機關合作，但在環境議題上比較不會被政治牽著走，而且都團結一致地支持食品技術的發展。他說，將注意力集中在這些地區，對他來說是非常合理的。

在與細胞培養肉公司的領導人們對談，討論世界各地消費者和投資者的熱度之後，我驚訝地發現，在美國以外的人們對食品技術的看法，簡直和美國南轅北轍。他們也發現了。

「與美國相比，亞洲對食物更積極。」泰翠克說。「如果我和北京人一起吃飯，然後我開始解釋糧食需求、糧食短缺和工業化畜牧業的事，他們有時會露出『好啦，閉嘴，我懂』的態度。但如果我人在紐約，可能就得多解釋一點。」

確實，對於美國以外的許多人，尤其是投資者，糧食安全問題早就不是個新鮮的話題了。

「他們對於世界正在發生的事有更明確的概念。」泰翠克補充道。

在歷經荷蘭的計畫泡湯，以及美國的細胞培養肉監管問題與業界衝突等重重阻礙，泰翠克終於可以和真正有興趣，而非抱持輕視態度的對象打交道了，這對他來說是一種解脫。

光是二〇一九年，泰翠克就花了將近三分之一的時間在新加坡、香港、杜拜和中國等地旅行。這顯示出了這些市場對JUST來說有多麼重要。JUST在香港和新加坡發布他們的植物性炒蛋後，它便迅速地流行了起來。JUST隨即擴大業務範圍，包括在上海工作的十二名員工，每個人都為了讓公司的植物蛋進入餐廳和零售商店拚命地打著基礎。他將此視為公司未來施展抱負的一個關鍵。他希望能說服亞洲各國政府（特別是新加坡和杜拜）與他們建立長期合作關係。除了找到第一個讓細胞培養肉公開上市的地方，泰翠克也在尋求協助，好擴大自己的實驗室和製造設備。

「和新加坡及杜拜的對談，不只是在討論讓他們成為第一個上市的地方，更是在討論他們能不能成為世上第一個建造細胞培養肉工廠，並餵飽全世界的地方。」泰翠克解釋道。「他們會願意投資實驗室和建造更大的細胞工廠嗎？」

美國的植物性漢堡排公司Impossible Foods是先驅。儘管他們的產品現在已經很普及，該公司剛開始的規模也非常小，先從高級餐廳出發，再隨著產品鑑別度和文化接受度的提高而逐漸擴張。因此，泰翠克的野心不小，他的目標不只是每天生產上萬磅肉品，而是數千噸。

泰翠克當然知道，就某方面來說，世界上大部分的國家都把美國的監管系統視為黃金準則，總是看美國的臉色做事，但他對過於依賴美國的結果感到沮喪，因為他意識到，自己祖國之外的人們，對他的產品感興趣的程度正在日益增加，而且也是十分巨大的市場。

「我知道大家都很在意美國，我只是不懂為什麼要這麼堅持。」他說。「我真的不懂。我們活在這麼廣大的世界上，和美國相比，國外還有更多人在吃肉。我覺得大家都太依賴美國的決定了。我想知道新加坡要怎麼做？中國要怎麼做？以色列呢？」

世界上的某些地區，例如以色列，正面臨著氣候變化的劇烈影響，且正為迫在眉睫的危機所重劃的世界做準備。不過這也創造了很多機會。在這些市場中，糧食安全通常是首要任務。這沒什麼好意外的，因為氣候危機預計會造成的糧食問題將影響數百萬人的生活。

以泰國為例。二〇一九年十一月，氣候中心的研究人員預估，到二〇五〇年時，將有超過10%的居住土地會被海水淹沒。這樣的改變最終可能影響約一億五千萬人，其中也包括許多生活在曼谷大都會區的人們，並會改變食物的分配方式。

另一方面，世界經濟論壇曾表示，中國的洪水氾濫將威脅到基礎建設、能源和農業。此外，以人口數突破十四億的國家而言，中國的耕地太少了，因此擁有培養肉品的技術，對中國人來說會是一大福音。矽谷細胞培養肉新創公司的管理層，包括與香港維港投資合作的JUST，都表示維港的領導者，億萬富翁李嘉誠和周凱旋，對他們土生土長的故鄉和首先發跡的地區，有著與生俱來的責任感。隨著世界人口急速增長，中國——世界上人口最多的國家，卻沒有足夠的耕地來持續養活人民——的糧食安全問題將變得更加令人擔憂，而確保人民能吃飽是李家誠和周凱旋的首要任務。

二〇一九年三月，新加坡國家研究基金會宣布即將投入大約五億三千五百萬美元來研發細胞療法，其中約有一億六百萬美元則會用在永續性的都市食品生產。新加坡希望能在二〇三〇年前自己生產內需30%的食物——這也意味著野心勃勃的細胞培養肉公司將有足夠的空間在這裡先行立足。

泰翠克說，這個機會改變了他推廣食品的方式。的確，如果仔細觀察就會發現，JUST從二〇一九年開始公布越來越多自家植物蛋產品的擴展足跡，程度遠遠超過與他們的細胞培養肉有關的報導。JUST這麼做是有目的的，泰翠克表示，他的綠豆製蛋替代品是他們細胞培養肉成功的關鍵。JUST的植物蛋所象徵的，突然再也不只是純素產品線當中的某一項商品了。

「如果蘋果沒有先開發電腦，他們的iPhone是不可能成功的。」他說。

泰翠克把他的植物蛋視為一臺早期開發的電腦，而細胞培養肉則是終極的未來產品。植物性食物是細胞培養食物的開路先鋒。不像其他高科技肉品的新創公司，JUST是唯一一間已經投入營運的食品公司。泰翠克有好幾年和供應鏈、零售商、食品服務公司、連鎖餐廳和批發商接觸的經歷，而這些人脈，會在他準備好將新食物引進市場時，為他帶來珍貴的價值。

而他的策略——先用植物性產品打入市場，好為他未來的肉品野心打基礎，正好顯示出泰翠克的個人能力。他並不是一位傑出的科學家，也不是厲害的政治高手，但他確實很擅長編織出強而有力的說詞來推銷食物。之前在向李嘉誠與周凱旋募資時，他就已經成功了一次，而他這次又做到了。他為JUST熱門的植物蛋進行了一趟巡迴宣傳，除此之外，他二〇一九年都在和香港、阿拉伯聯合大公國和新加坡的監管單位密切保持聯繫，而這三個國家都有興趣成為細胞培養肉的初期支持者。

二〇一九年十二月，泰翠克表示，他幾乎可以確定他的肉品會首先在新加坡上市。在過去的幾週中，他已經將JUST的產品工程師派往亞洲，並讓他們帶著細胞培養肉的樣品，直接在眾多利益相關團體面前料理，包括一個他拒絕透露姓名的「大型餐廳夥伴」。此外，JUST也在舊金山的總部接待了新加坡的監管機構，為他們端上自家的雞肉產品。

從植物蛋到細胞培養肉的這一連串操作，泰翠克已經盡力做得完善了，然而這個策略能不能成功，其實取決於一個十分重要的未知因素。一旦細胞培養肉進入市場，出現在世界某處的一張菜單上，人們就不得不真正接受它了，而人們接受的程度，卻取決於一系列來自內心層面、難以預測的各種因素：我們的文化傳統和心理狀態。

第十三章 密不可分的連結

在十八世紀初期，一個名叫查因・伊本・艾塔（Chayyim Ibn Atar）的北非拉比要從摩洛哥趕往當時由鄂圖曼土耳其帝國所掌控的耶路撒冷。旅途中，他沿著義大利西海岸前進，並在托斯卡尼的小城市利沃諾暫住了一段時間。

在利沃諾的那段期間，這個拉比獲得了一些資金，並出版了他對《摩西五經》的宗教評論。由於他睿智又虔誠，他的著作在今日仍受到世人關注，不過主要還是在宗教學者的圈子中。但是現在，幾百年後的今天，某些矽谷裡的食品技術專家又開始討論起這位歷史人物，他們討論的不是這位拉比的個人故事，而是他對《摩西五經》及聖經《舊約》中第三卷書利未記所做出的評論。

他如此寫道：「未來，上帝會改變豬的生理，使牠吃自己反芻的食物，從而成為適合猶太人宰殺、烹煮和食用的生物。並不是《摩西五經》要去適應現實，而是現實將逐漸接納《摩西五經》。《摩西五經》的律法是永恆的，豬的天性卻不是。」

這是一段很有意思的歷史故事，尤其對艾坦・費雪和大衛・鮑曼（David Bowman）來說更是如此。這兩人在二〇一八年離開JUST，並在柏克萊北方幾英里外成立了Mission Barns。他們看見了市場的契機，便立刻開始研發世界上第一批細胞培養培根。在這對事業夥伴努力培養著細胞的同時，猶太教社群也開始查閱數千年的宗教檔案，想要搞清楚細胞培養肉的組成，以及該不該讓這種肉品通過猶太潔食（kosher）認證。當然，並不是所有的宗教學者都贊成這麼做。但隨著討論越來越熱烈，有些人已經大膽地表示，這種新科技最終會使豬肉產品和牛肉起司堡成為猶太教徒也能接受的食物。

在那群宗教學者當中，身為以色列現代東正教拉比的約弗・雪洛（Yuval Cherlow）公開表示人們可以食用細胞培養豬肉，因為那符合猶太教的潔食規定。雪洛是猶太教組織「Tzohar」的六位創辦人之一，該組織的目標便是在信徒與非信徒的猶太人之間找到共通點與連結，因此我並不意外他會採取這樣的立場，儘管猶太教團體中比較保守的成員們還是對此敬謝不敏。

在以色列新聞臺YNet的某個訪問中，雪洛解釋在他的觀念中，如果「將豬的細胞和遺傳物質運用在食品製程中，這個細胞實際上就失去了原本的性質，因此不算禁止食用的食品。」也就是說，他認為培養豬肉細胞的過程會剝奪其與生俱來的豬肉特質，並使其變為中性。因此，最終的成品甚至不是肉，而會被視為不屬於乳製品或肉類的中性食品（pareve）。

雪洛的觀點在猶太社群中並沒有被廣泛採納，但他的想法其來有自。大約十年前，極具影響力的潔淨食物認證團體美國猶太正教公會（Orthodox Union）就碰過一個問題：常見的氨基酸「半胱胺酸」，究竟算不算潔淨？

半胱胺酸是一種還原劑，能藉由分解高速麵包製造系統中的麵筋蛋白使麵團鬆弛。麵包師傅會用這種氨基酸來縮短揉麵時間，以減少麵團受到的壓力，改善麵團的整體品質，也更容易切割與塑形。此外，它還可以延長麵包的保鮮期。

但這件事有個問題。大部分用來烘焙麵包的半胱胺酸是從鴨子羽毛而來的，這就讓人質疑半胱胺酸是否屬於潔食，因為這攸關動物在屠宰的過程中與後續被對待的方式。

梅納罕・傑納克（Menachem Genack）拉比是猶太正教公會潔淨食品部的執行長，這個部門是少數負責將食品認證為猶太潔淨食品的猶太團體之一。如果你家廚房的櫥櫃裡存放著食品，不妨仔細找找，很有可能會看到包裝上印著小小的、中間有「U」的「O」字符號，這是猶太正教公會的標誌，有這個標示的就是潔淨食物。

傑納克將半胱胺酸的製程規範為潔淨，因為這種氨基酸從羽毛中被抽取出來後，得先經過淨化流程才會進行結晶，而這個過程會使它變潔淨，所以能添加在食物裡。雪洛對用於培養肉的細胞有相似的觀點：從豬毛上培育出來的豬肉，在製程中可以被淨化。

傑納克就沒這麼有把握了。雖然在我們的對話中，他從未掩飾自己對細胞培養肉的熱忱，但他卻無法直截了當地說細胞培養豬肉算是潔淨食物。他稱讚細胞培養肉是種創新，在氣候變遷已經成為威脅的時代中，這種肉也許會對環境保護有很大的助益。在許多宗教的傳統中，都把「成為地球的好管家」看作每一個人的責任。他對這項技術的期待，正好與細胞培養肉製造商們的相輔相成，因為對他們而言，宗教飲食規範可能是有商機的。全球的猶太潔食市場超過兩百四十億美元，而穆斯林准許食用的清真食品市場則有一兆六千億美元。簡單來說，與宗教團體接觸並獲得認可標章，代表的是一大筆資金。

「這個發展真令人興奮。」傑納克告訴我。「我感到很不可思議。畜牧業和肉品產業好像完全被改變了。」

猶太潔食的問題只是一小片拼圖而已。但是這提醒了我們，人們在日常生活中如何運用細胞培養肉，又會如何互相產生影響，將會是最終的挑戰。

我寫這本書的目的，正是想要從頭開始理解細胞培養肉的發展過程、成果和後續影響。我去了矽谷、以色列、阿姆斯特丹，也在美國東部沿海地區往返了無數次。我也與世界各地的食品技術、食品政策、食品法規和宗教食品法的專家們進行了好幾場對話。但是，我很快地就意識到，我必須回答自己一個基本到不行的問題：肉是什麼？

分子科學家也許會用化學角度來看待肉：一團由水、蛋白質、脂肪和碳水化合物聚合成的東西。但如果問的是牧場主人、餐廳廚師、營養師，或是家中負責準備三餐的人，答案則因人而異。對某些人來說，這是他們的命脈；對另一些人來說，這是烹飪藝術的基礎；對其他人來說，這單純是個值得信賴且經濟的方法，可以養活家人。

肉不是單純的商品，也並非人們可以毫不考慮其在歷史與人類文化中所占有的重要地位，就任意製造、買賣、食用的產品。正如麥可．波倫在二〇〇二年十一月的《紐約時報》上所寫的，人類從出現在地球上的那一刻起就已經在吃肉了。我們或許不需要肉也能生存，但是我們獲得、處理、烹飪和吃肉的方式，在社會學、生物學和文化背景上，都為我們帶來了十分可觀的影響。

在我自己的整個研究過程中，我經常在晚餐時向朋友提出這些問題，而他們讓自己腦中的食物馬達運轉的模樣，以及在思考過程中不可避免地擠眉弄眼的表情，對我來說總是很有趣。

「你會吃從酒桶裡釀出來的肉嗎？」我會直接這麼問。因為許多食品科技的企業家心目中理想的細胞培養肉就是這麼來的。就像小型的釀酒廠，只不過裡面釀的不是啤酒，而是訂製肉品，他們希望能夠讓這個概念普及化。有些食品科技圈裡的人，甚至希望能以「精釀肉品」的概念來銷售他們的產品。對於這種生產設備的設計發想十分天馬行空。有些人想像的是外觀看起來平凡無奇的建築，裡頭擺滿一排又一排的生物反應器，動物細胞則快樂地在裡面進行複製，直到工人來採集脂肪和肌肉組織，並進行更進一步的加工。東京的非營利組織「精進肉計畫」（Shojinmeat Project）則提出了更有未來感的設計。在針對二〇二三年的細胞培養肉工廠運作想像圖中，精進肉計畫裡的成員草擬了一個建立在市區之外、高高的農業塔計畫——專門用來生產細胞培養肉的摩天大樓。

有趣的是，在和我一起吃飯的朋友當中，大約有85％聲稱他們絕對會想試試細胞培養肉，另外15％則會噘起嘴，且經常用「真的太奇怪了」來表達他們的不以為然。我通常都會對那些人說，不論喜不喜歡，他們都該知道，細胞培養肉最終會成為現實，因為有太多人正在用錢、科學和意志力，想辦法讓它上市。這樣的差距還是令我感到震驚。如果和我聊過的大多數人都表示有興趣，甚至渴望嘗試這種新興肉品，這對於正在朝這方向努力的食品科技公司來說，無疑是個大好消息。

一直以來，我都知道細胞培養肉的某個面向使我感到不太舒服。一方面，人們想到了一種可以大幅降低動物受苦的糧食系統——全球每年都有超過七百億隻動物，為了滿足我們的口腹之慾而死——這當然很令人振奮。身處冰山融化且海平面不斷上升的時代，我們怎麼能無視這個機會，不去接受理論上對地球和人類都更好的糧食生產系統？

但是，我們又怎麼能夠全心相信這些新創公司，認為他們真能找出正確的解答呢？這種新的食品科技，真的是個聰明的解決方案嗎？還是這只是另一個例子，證明人類想要創造某種超越自然的產物，後續卻會造成難以預測的大災難？這究竟是天才之舉，還是傲慢自大？

我們太擅長讓自己與大自然切割了。現代生活讓大多數人都忽略了我們所吃的食物從何而來，並將食物的主導權交到沒有面孔的團體，像是跨國食品生產巨頭和不斷擴張的工業化農場手中，儘管這些團體時常只看利益，而不重視營養與品質。生活在已開發國家，我們可以在懷俄明州買到百香果，完全不去思考它是如何從巴西或巴拉圭一個角落的街頭小攤販，經過了多麼漫長而複雜的旅程才來到我們手中。這導致我們對於「地點」的看法產生了更大、更模糊不清的重疊。我們生活在一個虛幻的世界，二十四小時交貨的便利服務，或是唾手可得的方便資源，使我們不必去思考時間、地點，和使這一切美好事物成真的基礎建設。

大型食品公司總是將他們的產品與成長用健康、現代與進步的面紗來包裝。但如我們所見，看看歷史上這些公司開出的支票，他們幾乎什麼都沒有兌現。就像人造奶油、冷凍披薩、大麥克、午餐肉、洋芋片、汽水，或者幾乎所有常見的食物，只要是為了方便而存在的，無一不是浸泡在大量的糖、鹽、脂肪以及一長串唸不出來的添加物當中。這些東西客觀來說全都對我們有害。

但光用這些食品工業巨頭的行徑來評斷細胞培養肉是很不公平的。畢竟，我們所有人都難辭其咎。現代生活的每一個層面幾乎都是違反大自然法則的。我們靠著汽油驅動的車子在郊區移動，在吹著冷氣的建築物裡尋找喘息的空間，把資料存在雲端空間，並透過肉眼不可見的無線電波與這個世界溝通。就連我們在超市裡買到的蘋果和香蕉，也都是人為創造的產物。

我聯繫了普林斯頓大學的哲學家兼《動物解放》的作者彼得・辛格。他在一九七五年出版的《動物解放》激勵了許多善待動物組織草創時期的成員，是現代動物權利運動的基石。我問他是否認為人類這次太超過了。我想知道對他而言，試著將肉這麼基本的東西搬到實驗室裡製造，是不是一個危險的舉動。而他的回應相當直率。

「不，老實說，我不這麼認為。」他告訴我。「我認為我們可以做得比大自然更好，我們也總是努力這麼做。如果我們過去沒有在糧食這方面試著超越大自然，我們現在就得每天搜集稻穀和打獵割肉。我不認為大自然是什麼黃金準則。」

儘管用辛格的話來說，大自然並不是「黃金準則」，細胞培養肉公司仍努力想要達到它的水準。細胞培養肉和其他人類試著複製大自然已經提供給我們的東西，究竟有什麼不同？但辛格說得對，不論是好是壞，在人類的歷史上，人們總是為了提升便利性而試著改造周遭的世界。

其實，這個說法我以前也聽過，但是出自全球最大食品製造商雀巢的前董事長之口。受《石英財經網》之託，我採訪過彼得．布拉貝克萊特馬斯（Peter Brabeck-Letmathe），他在為這間公司服務的漫長生涯中，將自己定位為策略長，使雀巢不單單只是食品公司，而是某天產品能夠更接近藥品的食品公司。以實作角度來說，這代表他們希望透過能預防疾病的營養素來強化自家的食品——想像一下能夠預防阿茲海默症的冷凍披薩。

二〇一六年，一個寒冷的十二月晚上，布拉貝克萊特馬斯和我在紐約的瑞吉酒店碰面。溫暖的大廳已布置好聖誕裝飾，巨大的花圈和森林綠的彩帶襯托著昏黃的燈光。一位雀巢的員工帶我走上階梯，然後進入一間光線明亮的飯店會議廳。不久之後，他走進了房間，在我對面坐下，接下來將近有一小時的時間，我聽著他向我解釋公司的長期目標。他說的話十分有趣、有創意，卻也令我不安。我問他那樣做是否在逐漸遠離大自然的準則，以及我們是否應該轉向自然來獲得糧食。他打發掉了我的這個念頭。

「你的看法基本上認為大自然是好的，」他說，「但你錯了。」

「大自然對人類並不好。」他繼續說下去。「大自然是會殺人的。智人（Homo sapiens）之所以會變成我們現在的樣子，就是因為我們學會了怎麼征服自然。我們和動物不同的地方，我們之所以能夠繼續發展我們的智慧，就是因為我們學會了烹煮食物，這件事的重要性完全被我們低估了。」

布拉貝克萊特馬斯雖然認同蔬菜和培育出來的食物很重要，但他知道這對他來說「遠遠不夠」。對他和辛格來說，農業革命是一種正在逐漸進化的概念。設法找出能夠確實餵飽人們的新方法，不是所有人都做得到的。這使得提倡慢食主義的人，例如前《紐約時報》美食專欄作家馬克．彼特曼（Mark Bittman）不太喜歡他。當我問馬克．彼特曼對他的觀點有什麼看法時，他輕蔑的反應讓我忍不住笑了出來。

「基本上這個問題就是，你覺得由營養素組合起來的爛食物比真正的食物更好嗎？」他說。

同樣地，當我問起餐廳「帕尼斯之家」的主廚、地區小農慢食運動的負責人愛麗絲．華特斯（Alice Waters）對細胞培養肉的看法時，她也退縮了。

「我很震驚，科學家居然相信他們比大自然更了解食物。」華特斯告訴我。「我真的覺得食物和大自然是不可分割的。它和季節有關，也和土壤的複雜度有關，大自然就是藉由這樣的土地長出動物吃進肚子裡的蔬菜。我認為這才是餵養我們的東西。」

華特斯並不是不相信科學的力量。她只是不想在大自然施展自己的力量時就急著去破壞它。我們所吃的東西對腸胃發育有非常重要的影響，而照她的說法，她不認為人們能靠試管做到一樣的事。

彼特曼和華特斯的懷疑也許是對的。華特斯看待動物性命的世界觀，比大型肉品與雞蛋工業來得更溫柔和尊重。在她的超本地化農業模式中，牠們是不可或缺的一環，即使牠們存在的最終目的是要讓我們利用，也同樣應當獲得我們的關懷與尊重。

「這些給了我們牛奶或雞蛋的動物，一直都十分貼近我們的生活，我們以前也十分重視牠們。」華特斯繼續說。「牠們是畜牧的一部分，動物本身和牠們的排泄物都是整個自然生態的一部分。我真的很想要回歸到那個狀態。」

一九九五年，華特斯成立了「可食用校園計畫」（Edible Schoolyard Project），希望能將菜園打造成一間教室，讓學生學習種子與土地之間的關係、植物與水果的生長，以及這些生態如何融入他們的世界。這個非營利組織認為，教導孩子食用小農種植的食物，並讓他們學習如何藉此滿足整個社區的糧食需求，其實並不難。

在許多方面，我的個人哲學和華特斯一樣。我也對整合型的農產品公司心存懷疑，例如孟山都和泰森食品。他們運作的規模和純粹機械性的擴張，使我們的心逐漸麻木。我也理解她的感慨，在工業革命期間，人們其實失去了與自然和食物之間非常重要的連結——這樣的連結不僅滋養我們，也賦予我們生活的意義，使我們在不斷變化的自然秩序中知道自己的定位。「我現在就坐在我的菜園裡，它的美麗就這樣餵養著我，我甚至不必起身去採拾任何東西。」她對我說。

但是，華特斯對糧食系統的願景，並不適合這個要為不斷增長的人口提供食物，同時還要承受氣候變遷之苦的世界，儘管它聽起來是如此美妙。更頻繁的旱災、威力更強的颶風和更多的洪水氾濫，將會重塑我們的土地，並重新分配全球的人口和耕地。逐漸暖化的地球，將重新決定這世界上最適合種植糧食的地區。根據聯合國糧食及農業組織二〇一八年的一份報告顯示，某些地區的糧食產量預計會下降大約3%，其中包括西非和印度；同時，加拿大和俄羅斯則會是最適合種植穀物的地區。

這一切看起來似乎離我們十分遙遠，因此很容易被忽視，但是華特斯所在的加州，正準備要面對一連串使糧食種植變得更加困難的巨變，更別提還得試著讓社區自己種植所需的糧食了。這個州正面臨著更頻繁且更嚴重的旱災，以及內華達塞拉積雪場的存水量下降，再加上害蟲與外來種對作物的傷害增加、更多的熱浪、更少的低溫時數，這些都會影響種植水果的農場。加州糧食與農業部目前正在與農民、畜牧業者和食品加工廠合作，以教育他們未來的風險，同時進行集體討論，期待制定出可能的對策。

華特斯的計畫也許能在某些精挑細選的社區中順利進行，但是時間不夠，而且挑戰太多，我們無法將像肉品系統這樣的整體產業，從工業規模轉移到本地飼養的牛、雞和豬隻上。解決方案介於兩者之間，而我相信可能就存在於JUST或其他公司的實驗室裡。

這並不是說我們不該保持警惕。這些年輕、志向遠大的新創企業也許更加完美，但即使它們有朝一日對工業化農業造成了重大的打擊，我們也只是把一個藏著許多祕密的食品公司換成了另一個而已。畢竟，無論是讓泰森食品或JUST來生產肉品，人們都還是依賴著一個十分不透明且機械化的系統，使人們離食品生產的人性面越來越遠。這與愛麗絲·華特斯的社區菜園相去甚遠。

現今的工業化農場仍然和過去一樣不透明。出於預防與治療，他們在動物身上使用藥性強烈的抗生素；許多公司都支持禁止人們未經同意錄影或拍照記錄農場活動的法案；他們容許飼養動物的工人們以惡劣的行為對待動物。同樣的，細胞培養肉公司擁有他們嚴密保護的智慧財產權。在細胞培養肉的行銷活動中，各家公司推出精心製作的影片，記錄活蹦亂跳的小雞擺脫了會被屠殺的殘酷命運，在優美的環境中自由來去，並伴隨著科學家們盯著顯微鏡看的正面剪輯，旁白則不斷說著鼓舞人心的臺詞，說這樣的產品變成現實後將有多麼美好。

但實際上我們根本不知道JUST的液態介質裡究竟有什麼東西。隱藏在實驗室的白袍與消毒過的高牆後方的，是人們永遠無法知曉的流程。就算我們真的看見這些公司使用的程序，對大多數人來說，如果沒有科學碩士學位，實在很難完全理解他們的方法。雖然這不是太重要的關鍵，畢竟，我們不需要是水電工也可以好好享受屋子裡的照明系統。但我們不能忘記，這項科技可不只是用來摧毀現有產業的新奇發明而已。我們在討論的是食物。我們在把某樣東西吃下肚之前，究竟要多了解它？我們至少得要求並期待企業給出最透明化的資訊。

推動食品科技突破的企業家、科學家和行動主義者，經常把這項發明當成某項技術來討論，以至於有時好像忽略了它本身的意義和與生俱來的特質。確實，這是個了不起的進步，經過人們精心打造，可以破壞肉品產業，為環境創造奇蹟，但這類浮誇的用字遣詞總讓我感到不舒服。這一點在我與 Impossible Foods 的執行長派特．布朗（Pat Brown）二〇一八年八月的某次對談中尤其明顯。當然，他的公司並沒有生產細胞培養肉。布朗賣的是相對令人安心的植物性漢堡排，但他談論食品科技這個議題時的看法，完美地詮釋了矽谷細胞培養肉領域中大部分的人在研發食品時最讓我擔心的部分。

在我和布朗對話的時候，他提到在公司的產品問世之前，他已經成年的孩子們從來沒有吃過肉。我頓了頓。

「你會把這個稱為肉？」我問，並推了推擺在我面前的 Impossible 漢堡排。它的主要成分是椰子油、大麥、馬鈴薯蛋白，以及用來製造富含鐵質的血紅素、基因改造的酵母。這其中沒有動物細胞（不論是傳統來源或細胞培養的）。

「當然。」布朗回答。「我是說，從以前到現在，動物只是我們用來生產肉品的技術。肉是一種由氣味、口感、營養、實用性等所定義出來的食物。人們會怎麼形容一塊肉，其實與生產方式無關，他們只是接受了肉來自於動物這個事實而已。如果我們製造出一個產品，能夠提供消費者認知中一塊肉該有的一切樣貌，那就沒問題了。這個名稱就是對的。」

我沈默了一會兒。

「所以這跟分子組成一點關係都沒有？」我問，「這和我們在顯微鏡下看見的細胞無關，而是和人們的經驗有關？」

「它所扮演的角色就是這樣。」他說。

說實話，布朗和其他植物性肉品製造商都宣稱他們的產品是肉的替代品，但它們的味道，甚至是口感，都跟真正的肉不太一樣。至少現在還不一樣。這些公司也許可以做出基本的漢堡排和香腸，但這些產品只是地球上流傳了好幾世紀的眾多肉類料理的一小部分。肉品不是高科技工程，也不是用花俏的工業設備來模仿口味和口感的體驗。另外，也許更重要的是，製造這些新產品的過程，仍然籠罩在工業界的神祕面紗之下。我們只是選擇用生產方式還是機密的培養肉，去取代做出起司牛肉堡的肉牛，到頭來，我們和糧食系統的距離仍然十分遙遠。

無論是有錢吃最高級的魚子醬，還是只買得起不起眼的馬鈴薯，人們都用相同的方式在攝取食物。在填飽肚子的需求面前，人人都是平等的。因此，我們與食物的關係其實非常緊密。尤其是家中有祖傳烤肉、巴西燉牛腳、克羅埃西亞燉牛肉，甚至只是我母親慢火熬煮好幾小時的燉牛肉食譜的話，食物就顯得更為緊密了。當細胞培養肉公司緊鑼密鼓地要將產品引進餐廳、餐飲業和超市時，更重要的問題就會浮現了。這些對環境友善的人造肉品，會對我們的飲食文化有什麼影響？它們符合猶太潔食或清真認證嗎？用細胞培養肉能做出祖傳的烤肉嗎？茱莉亞・柴爾德的紅酒燉牛肉呢？這些都是積極想要吸引肉食主義者的新興產業必須回答的重要問題。

這些料理皆有獨特的文化重要性，而想要重塑我們已知的肉品系統，這個新興產業更應該承襲這些文化上的切入點——成敗很可能就取決於此。

對於布朗純粹以功能性來看待食物，我感到有些遺憾。他的說法使食物變得沒那麼有趣，甚至有點單調乏味。我也想起了食物歷史學家兼作者莎拉・羅曼（Sarah Lohman）曾經對我說：「每當聽到有人把食物簡化為某種功能時，我都覺得非常無聊。這就跟有人說性愛只是一種製造嬰兒的方式沒什麼兩樣。」

儘管如此，當我權衡細胞培養肉的好處與缺點時，我其實很難提出拒絕它的理由。我對這種產品和製造公司仍然抱持著保留態度，畢竟想克服種種技術和科學的挑戰，使這種肉成真，需要付出大量努力。另一方面，想在世界各地的監管叢林中邁進，也很不容易。但是也許，只是也許，細胞培養肉公司要面臨最大的挑戰，會是如何適應這個已經與肉品建立出長期且深厚關係的文化。如果科學家們真的能創造出一種肉的複製品，並且以致敬與尊重的角度去對待人類史上所有飲食和食譜中使用的肉類和傳統，那麼不抓住這個機會，好好利用對環境有利的各項優勢，似乎是嚴重的浪費。

隨著我開始更深入地思考細胞培養肉的事，我很好奇我的祖母對此有什麼看法。我還記得小時候在她家舒適的廚房裡跑來跑去，或是和表親們聚在一起吵吵鬧鬧，或是在收拾整齊的房間裡穿梭，最後被大人趕出房間的情景。在這些混亂的時刻，食物的香氣總是縈繞不去、清晰不已。她家的火爐好像永遠是開著的，永遠都在燉煮或煎著什麼東西，而她做的許多料理都有肉。

她對細胞培養肉最初的反應，直接繞過了整個細胞培養的概念。事實上，我非常意外，因為她迫不及待想要告訴我，她覺得這幾年傳統牛絞肉的味道一直在改變。

「聞起來有化學的味道。」她說。她認為現在的工業用肉品生產設備在加工食品時做得太超過了。她告訴我自己最近決定改買野牛肉，因為那不僅聞起來更像肉，嚐起來也很美味。

她願意改變購買肉品的習慣這點，讓我意識到也許在適當的狀況下，細胞培養肉是有機會給人留下良好的第一印象的。

幾個月後，我再度回到她位於肯塔基州郊區的老家。她正和自己年紀最小的女兒，我的寶拉阿姨一起準備晚餐，我則和她們報告我最新的研究成果。

「所以你會買嗎？」我問。

她正在廚房磨著起司。我的阿姨則用木勺攪拌著一鍋冒泡的紅色醬汁。

「我可能要好好了解一下。」我阿姨回答。「那種肉長怎樣？」

我開始敘述自己試吃過JUST的鴨肝醬、Memphis Meats的雞柳條，還有Aleph Farms的薄牛排。我祖母轉過身來，靠在流理臺上，皺著眉，搖搖頭，不太相信我說的話。

「我覺得我寧可吃真的肉。」她說，然後轉身繼續磨起司。

「但你試過之後可能會喜歡啊。」我阿姨說。「誰知道呢？」

「反正一定很貴。」我祖母回答。

「那如果更便宜或是價格差不多呢？」我問。

她頓了頓，然後一邊考慮著這個可能性，一邊點點頭。

「如果吃起來還行的話，會啦。」

她口氣中的不情願其實是意料之中的事，但我沒想到她會這麼明確地表明只要外觀、口味、價格都和她往常料理與享用的肉一樣的話，她就願意試試看細胞培養肉。我覺得這也是談論起這種新興肉品時人們最常爭論的部分。如果人們願意嘗試，如果我的祖母願意嘗試，那麼細胞培養肉公司或許很有機會將客群鎖定在認真考慮要讓這種肉品融入日常飲食的人，建立起還算廣大的市場。但廚師和顧客都必須能像處理傳統肉品一樣的方式來料理細胞培養肉。

我看著我阿姨的兩個兒子，他們是我最年幼的表親，我很好奇接下來的十年，甚至更多年後，他們會吃什麼食物。我也想知道他們會承襲什麼料理，不知道他們會不會質疑細胞培養肉的概念，還是說它會在某天成為大眾都能接受的產品，擺在超市貨架上任人挑選。我還想知道他們眼中的地球未來會是什麼模樣。

在我收集資料的過程中，我對肉的看法也變了，而且這似乎是必須的。和許多人一樣，食物，尤其是肉，是我文化背景的一部分。當文化傳統與道德碰撞時會發生什麼事？除了細胞培養肉公司所提出的論點，我也正視了身為地球的好管家應該要面對的許多問題。而食物——吃肉——是生命中與眾不同的領域，文化與氣候問題同時在餐桌上碰撞，這讓我不得不重新思考我的生活，還有我與世界互動的方式。我所碰到的問題都打中了我的內心。

二十歲以前，我完全不知道烹飪的藝術對我而言有多麼重要。在我出櫃後不久，我經歷了很多同性戀者都會面臨的、情緒和心理上的自我接納困境。而當人們開始學會愛自己時，就會產生一種自然的渴望，甚至是需求，想和與自己有相同經驗且能夠彼此支持的團體待在一起，這在LGBT+的社群裡，通常被稱為「選擇自己的家人」。這對同志族群很重要，特別是經常受到惡意攻擊的人，因為即使到了今天，還是有許多人恐懼同志的存在。每個人自我保護的方式都不一樣，因此幫自己找到舒適的環境是非常個人且獨特的經驗。

對我來說，把食物與烹飪當成生活重心就是讓我感到舒適的方法。下廚成為我述說重要的故事和自我表達的出口。雖然這麼談論食物很感性，但我確實相信，我們的身分與背景，會透過廚房散發的香氣，以及縈繞在我們嘴裡的滋味彰顯出來。我們與食物的關係、料理出來的食物、做菜的方式都與以前的世代密切相關，並為現在的我們塗上了各種色彩。在烹飪的藝術中，食物就是我們用來創造經驗的顏料，而它幫助我創造了一個家。

還住在華盛頓特區的時候，我開始舉辦小小的晚餐聚會，邀請的朋友通常都是同志。

規則很簡單：每一場晚餐最多八個人，每個人都至少要認識一個新朋友（包括主辦人），座位是安排好的，我會準備所有的食物，客人只要帶酒來就好。每頓飯都是精心計畫、無可避免的小意外和即興藝術的結晶。我的餐桌變成了一個安全的空間，我們可以在這個時間與地點放鬆戒心並分享自己的一切。烹飪變成了一個充滿創意的出口，一種幫助我得到自信並展現熱情的表達方式。這是一種自我養成的方法。

後來我搬到了紐約，所有的一切都必須斷捨離。我只好放棄我的餐桌。但我的晚餐聚會並沒有因此停止。重新適應生活之後，我開始在新家舉辦聚會，讓新朋友團團圍著折疊桌，愉快地擺滿自製的料理、葡萄酒、蠟燭和餐具。

一開始，肉仍然扮演著十分重要的角色。我嘗試做紅酒燉牛肉，費力準備得醃好幾個小時的烤雞，或是拿羊肉做實驗性的料理。我還借用了祖母的食譜，用滾水煮新鮮毛豆和培根。

但當我開始更關注科學家口中的氣候危機，並且更深入地報導細胞培養肉公司的成果後，我清楚地意識到，如果想從小地方開始成為地球更好的管家，我必須改變習慣。

我們必須認清廚房外的農業大環境。如果我們想成為更有責任、更有良心的食品消費者，我們就得認識人類在氣候變遷中所扮演的角色。畜牧業至少占據了14%的人為溫室氣體排放量。每一位廚師都可以決定要拿什麼來餵飽自己與所愛之人。因此我決定審視這一連串和買肉與煮肉有關的道德問題。

這並不容易。有一陣子我甚至越來越少下廚。

當然，最簡單的方式就是重新塑造我對餐點的看法。我知道準備整桌植物性料理會是很有趣的事。但是，對我來說還是很難。和許多人一樣，我也非常習慣肉食是餐桌上的主角，水果和蔬菜是配角。

如果我真的把肉完全從料理中拿掉會怎麼樣呢？如果肉的香氣與口感完全從

晚餐中消失，由花椰菜、南瓜、茄子、蕃薯所取代，我還會有心情舉辦晚餐聚會嗎？

我們之中有許多人，包括雪洛拉比、我祖母和我，都面臨了這些問題。要如何使過去與未來和諧地出現在餐盤之中？被這些巨大的問題困住沒關係，做出一些小小的改變也沒關係。我已經不吃牛肉和豬肉了，也盡量少吃雞肉，多吃養殖魚類，例如鮭魚。對其他人來說，也許是一週減少吃一到兩次的肉，或是放棄更多。到頭來，我們選擇自己要什麼或要吃什麼的決定，都是非常個人的。我們都有不同的價值觀。不過，一想到有天這些困擾都會消失，因為有項大膽的新科技將讓我們能夠延續過去，又不至於毀滅我們的未來，就讓人蠻興奮的。我很期待那天的到來，我將能好好地煮出母親的燉肉，不用因為肉品來自不夠永續的食物系統而產生罪惡感。

一八四六年，亞伯拉罕．皮諾．傑斯納（Abraham Pineo Gesner）發明了煤油，挽救了無數鯨魚的生命，使牠們不再被捕捉來取得魚油以點亮路燈。一九〇八年，亨利．福特推出了一款汽車，使騎馬旅行變成了過去式。這些人都不是動物維權主義者，也不了解氣候變遷。儘管他們面對的現實和我們的大不相同，他們的成就仍讓人們進入了現代化的下一階段，並帶來不可否認的極大助益。無論是喬許・泰翠克、烏瑪・瓦萊蒂、馬克・波斯特，或是其他勇敢的創業家拔得頭籌，細胞培養肉的前景令我對世界的發展感到十分樂觀，儘管未來還充滿了各種耐人尋味且尚未獲得解答的問題。

將近三世紀之前，查因・伊本・艾塔拉比就思考過食物最基礎的本質：有什麼是我們可以改變的，又有什麼是無法改變的。現在，細胞培養肉的崛起也使我們面臨類似的問題：肉品在我們的生命中所扮演的角色。我們對肉的渴望需要為了現實而改變，還是現實必須改變，因為我們就是想要吃肉？我們能夠盡可能地放棄肉品，使地球變得更健康、更永續，還是我們要藉由改變對肉的看法，以達到相同的結果？

不論如何，有件事是肯定的：我們與食物的關係正處在既獨特又重要的時期。我們看到的食物系統變化，以及整個細胞培養肉運動，都是由熱情的人們所推動，他們抓住了一個特定的瞬間，來推行他們希望看見的改變。這點非常優秀，也十分值得關注。至於其他人，包括我在內，則要成為深思熟慮的決策者，以更正面的眼光去思考未來與面對這些新產品，並承擔起自己的角色，共同為實現這個願景而努力。

第十四章 準備上菜

「我好緊張。」她對我說。

我們來到高高的樓梯頂端，我轉過頭，對我母親露出支持的微笑。

「不要擔心，真的。」我徒勞地向她保證道。

但我的母親，康妮，此時正遠離她在肯塔基路易斯維爾的日常生活。那裡是她和我父親養育我和三個手足長大的地方。她當然會緊張。畢竟，人們可不是隨時都有機會走進一間矽谷的食品科技公司，準備和年輕又自信滿滿的執行長對話，更不用說在無菌實驗室裡穿梭了。

我們走進一個簡樸的會客室。我在沙發上坐下，我母親則走向窗邊，看向外頭的佛森街。外面的天氣又濕又冷。

很快地，JUST的發言人安德魯．諾依斯出現在轉角，優雅地走進房裡。

「早安！歡迎來JUST。」他對我們說道，同時對我母親伸出手。「很高興你能來。」

她接過他的手，露出微笑。

我們兩人各自搭乘國內航班——我從紐約、我母親從路易斯維爾——在昨天傍晚抵達舊金山。從我開始認真了解細胞培養肉至今已經將近兩年了。距離我最初踏進JUST總部試吃鴨肝醬和鴨肉香腸也快要兩年了。現在，二〇一九年感恩節前的週二，泰翠克即將舉辦一個午餐會，我和我母親受邀參加，因為我們是JUST的潛在客戶代表。

老實說，我也很緊張。

在我的生命中，影響我對食物看法最深遠的人，就是我母親。早在我讀過麥可．波倫的書之前，她就讓我愛上蔬果，並盡量避開過甜或過鹹的現成食品。適量吃肉是關鍵，謹慎選擇食物來源和處理方式則是最重要的事。因為她，我經常在超市的走道裡停留許久，仔細檢查食品上的標籤。也是因為她，我才會一直期望那些想要餵養我和美國大眾的公司盡可能完全透明化。

在報導和寫作的過程中，我也和她聊過細胞培養肉，而她總是抱持懷疑的態度。它與自然產物的相似（或相異）程度對她來說是有疑慮的。對她來說，把會呼吸的、活生生的動物從等式中消除，與其說好奇，她更感到吃驚。

如果泰翠克想要吸引大眾購買細胞培養肉，我母親正是他需要成功說服的人。她是四個孩子的母親，總是會在連鎖超市買菜，並且小心翼翼地挑選肉品，尋找售價和品質的完美平衡。她特別在意動物在被宰殺前受到的待遇，而在把肉買回家後，她也特別小心地處理肉品，以避開所有可能造成食物中毒的病原體。

我母親看待食物的方式更接近愛麗絲．華特斯的看法，而不是泰翠克的。她買菜時總是會特別挑選符合有機標準、支持食品系統內生態平衡與生態多樣性的蔬果。在我成長的過程中，我父母對於肉品工業的不信任，使他們買了兩隻安格斯黑牛，親自飼養、宰殺、生產肉品。我當時年紀還太小，想不通為什麼他們要那麼做，我只覺得很煩，因為每天多了好幾件家事要做。但現在回想起來，這其實完全合理。我的家人想要知道這些牛是吃什麼長大的，所以我們在食品系統中重新宣示主權，並掌控我們自己要吃的食物。這麼做的同時，我們便消除了許多對不透明化的肉品工業所產生的顧慮。當然，不是每個人都有能力這麼做。我們家可以做這個選擇，已經是享有許多特權了。幾年之後，我們又開始去超市買肉。養牛不容易，牠們有時會因為好奇或調皮而跑到籬笆之外的地方，我們就得大費周章地把牠們追回來。我們還得費心把牠們裝上借來的拖車，好送去屠宰場。但理論上來說，人們應該要有能力退一步，拿回那些我們無條件交給食品公司的主權。我們的努力雖然是個費時費力的投資，但我父母從不後悔。

我母親對學習食品相關知識充滿熱情，於是在當了二十多年的美容師之後，她決定重回校園學習營養學。每天晚上，她擠出時間研究複雜的生物化學，包括巨量營養素和微量營養素的功能，以及它們與人體互動的方式。她現在任職於一間公立學校的餐廳，直接處理要給孩子們吃的食物——近距離實驗食品系統是如何大規模運作的。

她做的這些選擇並不容易。購買有機食品的開銷經常比購買傳統生產的食品高出30%。養牛是非常艱困的工作，需要有對營養學深深的信仰才辦得到。重回校園學習困難的科學學科，則顯現出她的膽識、勇氣與堅毅的決心，想要在一個沒什麼轉圜餘地的系統中，找出最能做出道德選擇的方法。

如果泰翠克無法說服她給細胞培養肉一個機會，那我很擔心消費們最後會對他的產品有什麼反應。

午餐之前，諾依斯帶我們參觀JUST的總部，我們走進好幾個月前我去過的植物資料庫。房裡四周都是直達天花板的檔案櫃，收藏著來自世界各地的植物樣本，提供公司的科學家們分析它們的蛋白質組成。我母親走到資料庫中央，來到一張展示桌旁，看著一碗放在桌上的綠豆。這是這間公司最重要的植物，是他們的植物性液態蛋的主要成分。

我們繼續參觀一樓的辦公室，並跟著諾依斯繞過轉角，走向另一道階梯。我們經過了一個我從來沒有見過的區域：二〇一九年春天才建好的細胞培養肉實驗室。在巨大的玻璃門後方，有兩位穿戴著實驗袍和護目鏡的科學家，正穿梭於桌上的電腦、顯微鏡，以及巨大的恆溫儲存設備之間。這個設備存放著好幾瓶液態介質，它會自動攪拌介質，讓裡頭的小細胞可以複製好幾次，直到長成小小的肉品樣本。這個實驗室主要用來研發能夠商業販售的肉品。原本在樓上的實驗室，現在大多用來培養公司的實驗廚房需要的肉，好讓產品工程師測試烹調和備料的最佳方法。

母親和我走上樓梯，穿過一條走廊，然後走進寬敞的開放工作空間。這裡是JUST的神經中樞。諾依斯帶我們穿過一排排坐在桌邊工作的人們，來到這個空間的正中央，讓我們和維托．艾斯皮里托．聖多坐在一起。他和我母親討論著細胞培養肉背後的基礎科學概念、整個產業最大的挑戰，以及公司這幾個月以來的進展。

我看向諾依斯後方的產品開發廚房。廚師奈特．帕克（Nate Park）正在六個工作區的其中一個忙碌著。帕克曾經在芝加哥的莫多餐廳工作，那是一間米其林等級的餐廳，以分子美食與高科技餐點聞名。那間餐廳吸引了許多關注流行、對烹飪萬分好奇的民眾，讓他們嘗試奇怪的菜餚，例如碳酸水果或是可食用的紙。今天稍早，我收到了諾依斯的簡訊，裡面有一張照片，是帕克手寫的午餐菜單。前菜是烤雞沙拉，主菜是炸雞。

接著，泰翠克突然從附近的某扇門冒出來，暗示我們可以坐下來用餐了。

我看向母親，對她微笑。和參觀之前比起來，現在和艾斯皮里托．聖多坐在一起的她，姿態顯得放鬆了許多。她對她所見的事物和聽見的製作過程十分感興趣，因此變得對產品感到非常好奇。

「準備好了嗎？」我問道。

泰翠克和她打了招呼，我們三人便走向廚房。等著我們的，是一張長方形的桌子，以及桌子旁的三張高腳椅。

在我們坐下的同時，泰翠克開始敘述起我曾聽過的獨白。這是他將外面的世界與他在公司內做的工作連結起來的方式。

「我是在南部長大的，我是阿拉巴馬人。」泰翠克和我們分享，他個人印象最深刻的記憶，是大份的炸雞柳，配上蜂蜜芥末，裝在巨大的連蓋泡棉盒裡。「在我成長的過程中，我吃的肉和大家一樣多，而我相信，我們得找出方法讓人們有肉吃，卻不會造成隨之而來的各種不幸。」

「對。」我母親回答。她抓著放在腿上的包包。我們仍然試著讓自己放鬆，等著迎接接下來的體驗。泰翠克接著說下去。

「有個方法可以提供某個阿拉巴馬的小男孩雞柳條，又不必擔心吃肉可能帶來的一切壞處。」他說。

帕克走到桌邊，端上他的第一道食物。

餐盤裡是八片圓形的奶油麵包，上面盛著烤雞沙拉。雞肉已經切成了小方塊，與芹菜、胡桃、蒔蘿、胡椒、鹽和JUST的植物性美奶滋拌在一起。我伸手拿起一片，仔細檢視之後放進嘴裡。雞肉的口感和我想像的一模一樣，而口味雖然夾雜著醬料的味道，卻也和我期待的一樣。吃起來很像我母親做的雞肉沙拉。

我身旁的母親吃了一口，便幾乎立刻對它的外型與口感表示讚嘆。她咀嚼了一會兒，一邊聽著泰翠克描述他的目標——使這種肉比任何一間超市能買到的傳統肉品更好、更便宜。

「妳覺得如何？」他問她。

「我覺得很好吃。」她回答。她口氣中的熱情讓我十分意外。「可以給我食譜嗎？」

「我們還需要妳的食譜呢！」泰翠克說。

「我覺得吃起來很像肉。」她說。「吃起來就像雞肉，就是這樣。」

奈特．帕克從工作站走了過來，為我們送上一盤剛烤好的比思吉麵包以及純素蜂蜜奶油，這是他正在料理的炸雞的配菜。他看著我們面前的空盤，上面只剩下零碎的殘渣。

「你們覺得怎麼樣？」他問。

「噢，超棒的。」泰翠克說。「真的超棒！」

「非常好吃。」我母親回答。「你覺得呢？」

他調整了一下自己的重心，然後抬起一隻手，搓了搓下巴。

「我這輩子做過非常多雞肉沙拉，但我從來沒有做過培養雞肉沙拉，」帕克說，「烤培養雞肉對我來說是蠻新鮮的嘗試。」

當他剛開始為JUST工作時，帕克大部分的時間都專注在加工過的肉品，像是更容易準備的雞塊。然後他說，隨著泰翠克開始開發新市場，他常常去中國和新加坡旅行，向亞洲地區有興趣的團體介紹他們的概念。他說，人們最常問他的問題就是「一定要用炸的嗎？」」。

「不，」他微笑著對我們說，「其實不用。」

我母親很好奇剛才吃到的食物是怎麼料理的，便問帕克如何處理這種雞肉。「這種肉能醃嗎？」「還不行。」「有骨頭嗎？」「沒有。」她還想知道，他是不是在烤盤上放了或噴了什麼東西？

「只有一點芥花油，跟我平常的做法一樣。」他說。「基本上，處理這種產品的方式和處理其他食材的沒什麼兩樣。它一旦被製造出來，不僅看起來像雞肉，整體質感也像雞肉，因此把它當雞肉料理就行了。」

她點點頭，仍然對這種食品從實驗室到餐盤的過程感到十分好奇。於是，帕克拿出一包淡粉色、看起來很像雞胸肉的冷凍厚肉排——是由JUST自創的液態介質（照公司的說法，現在一公升的成本介於一到五美元）和容量一千公升的生物反應器培育出來的，它的細胞混有綠豆萃取物，目的是使形狀更為具體，而最終生產出來的雞肉，含有75％細胞培養肉，以及25％綠豆。

泰翠克用科技用語描述著這個計畫。他說，舉例來說，就像iPhone有許多版本，JUST的細胞培養肉也有許多版本，而這就是公司的「第一代」細胞培養肉。

帕克回到廚房為主餐做最後準備。從現在開始，我母親變成了泰翠克即興的焦點小組。當然了。他每天都在和肉品工業的領導者們，以及投入大量時間思考肉品未來的人互動。但是現在坐在他身旁的這個人，對他來說並沒有什麼威脅，他很想知道有沒有什麼主要的因素，可能會導致肯塔基路易斯維爾市的居民對細胞培養肉卻步。

我母親思考了一下，顯然對於自己要代表全體居民發言這件事感到很不自在。但她接下來說的話就和我想像的一模一樣，也和我想說的話一模一樣。

「因為這是人造的，」她回答，「大概是這個吧。」

「人造雞肉。」泰翠克思索著，然後笑了起來。

「抱歉。」我母親說。「你知道的，就是……」

她頓了頓，感到很為難。畢竟，要當面指出一個人花了幾百萬美元試著優化的產品很難賣，純粹是出於字面上的因素，是有難度的。她相信JUST的細胞培養肉從分子的角度來說確實是肉，也已經看到、接觸到、吃到了。但要怎麼克服心理上的障礙呢？泰翠克發現他讓她不太自在了，便很快地開口承認，他理解她為什麼會這麼說。

「我自己也不會想吃人造肉。」他說。「有一天，細胞培養肉公司一定會做出味道與口感都和傳統肉品完全一樣的產品。產品的售價最終也會變得十分有競爭力。但是，要想說服那些強烈認定肉就要來自宰殺動物的人們，將會是更艱難的挑戰。」

餐桌上沈默了一會兒。

「這一點讓我比較困擾。」他說。「你的技術也許很完美、味道也很完美、什麼都很完美，但最後，如果路易斯維爾的居民仍然認為這是人造肉，那就行不通。」

讓我意外的是，我母親試著安撫他。

「只是因為這個概念太新穎了。」她說。

她提到了 Impossible Foods 的漢堡排以及 Beyond Meat 的產品，並指出那些產品也不是一開始就大受好評，但現在這些食物很受歡迎，人們都迫不及待想嚐嚐。

「我認為你的產品可能也要經過這樣的過程。」她說。

帕克再度來到桌邊，他這次端著的餐盤，飄散著熟悉的炸雞香氣。鐵灰色盤子上，擺放著一片片裹著麵衣的炸雞。炸雞下方鋪著簡單的蕃薯泥，並以白花椰、球芽甘藍和櫛瓜作為點綴。這道菜看起來一點也不像傳統的美國南方料理，而是一道佳餚。泰翠克告訴我們，每一盤的雞肉大約要價一百美元。

我看著眼前的肉，立刻回想起我今年稍早在Memphis Meats試吃的雞柳條，這間公司已經進步到能夠做出十分有說服力的肉，這種肉具備我早已習慣的雞肉的所有口感，那使我印象深刻，也感到自己有多渺小。而我面前的肉還沒有達到那個等級。味道是對的，但就我個人而言，肉的口感還是比較接近扎實的歐姆蛋，而不是炸雞。

「你切開麵衣時有什麼感覺？」我問我母親。

「我覺得看起來很像雞肉。」她說。

「吃起來呢？」

「味道也像雞肉。」她說。「和雞肉有一點點不一樣，不過很接近了。但是這種差異性是好的，這吃起來就像某種高級的雞肉餅。」

她轉向自己的右手邊，問泰翠克對這道菜有什麼想法，但他沒辦法回答她。他承認自己還在糾結她把細胞培養肉歸類為「人造肉」的說法。他思索著，「也許問題出在當人們討論細胞培養肉時，總是圍繞著生物反應器——細胞培養過程真正發生的地方。但如果把焦點放在細胞搜集的部分呢？」

他提到，「公司的牛肉細胞主要有三個來源：巴塔哥尼亞的母牛、一個位於馬林郡的安格斯牛牧場、還有一個日本的和牛牧場。如果路易斯維爾的居民把未來在超市看到的細胞培養肉和這些細胞來源的牧場聯想在一起呢？這樣會讓人比較願意接受嗎？」

她點點頭回答道：「會的」。

他繼續思考。

「你正在打破文化的既定印象，既懷舊又傳統的既定印象，」他說，「你該如何說明這件事呢？」

這個疑問衍伸出了我們接下來的話題：命名與下定義。能夠說我們在吃的東西是雞肉嗎？泰翠克想著。他請我伸手去拿擺在旁邊的JUST液態蛋產品。他把罐子舉在我母親面前，指了指罐子中央的標籤，上頭只寫著「JUST Egg」，接著他指了指罐子的左下角，那裡用更小的字體印著「植物性炒蛋」。

「說真的，我還是想知道自己買的是細胞培養雞肉還是傳統雞肉。」我母親說。

「但它還是叫雞肉，對嗎？」我問。

「對，因為它是雞肉細胞做的，」她回答，「它就是雞肉。」

接下來的事讓我感到很意外。

泰翠克指向罐子的右下方，有一排小到從我的位置根本看不見的字，印著這個產品不含膽固醇、非基因改造，還有產品容量。

「我希望寫得越小越好。」他指著瓶身印有最小的文字的地方說道。

我母親向後靠，看起來很意外。

「你不覺得驕傲嗎？」她問。「你為什麼想要把它藏起來？」

真是個好問題，但也揭露了泰翠克的某項特質。在出乎我意料的發展中，此時此刻，我母親似乎比她眼前的男人更肯定細胞培養肉的未來。泰翠克想要盡可能把產品的本質縮到最小，我母親卻認為應該要強調那個部分，而且她這麼說並不是出於希望JUST更透明化，而是因為她覺得這個產品很棒。

我母親把最後一口午餐吃掉，眼前的食物就淨空了。她把餐巾紙摺好，我們站起身收拾東西。我轉向泰翠克時，已經有JUST的員工在找他，要他去接待另一群在我們吃飯時就已經抵達、西裝筆挺的訪客。

我母親和泰翠克握了握手，離開前最後一次表達她的支持。

「味道真的很完美，這是我當初沒有想到的。在我腦中，我知道這是肉，只是型態不一樣。但是味道真的很棒。我認為等你準備好的時候，它應該會賣得滿好的。」

他微笑著向她道謝。然後他轉向我，和我握了握手。之後他轉過身，小跑步至另一個角落，迎接在那裡等著他的人們。

我母親扣起夾克的釦子，然後抬頭看著我。我們做到了。

最後，諾依斯帶我們走過長長的走廊，走下樓梯，回到建築物的入口。我們再度回到了佛森街頭。路上因為雨水而潮濕不已。我們爬上一輛計程車，有那麼一瞬間，我在想晚餐要吃什麼，我很想知道我們會不會在腦海中與盤子裡的肉展開一場拉鋸戰，心知肚明還有另一種製造肉品的方式。

我們經過了傳教區街頭一連串色彩鮮豔的墨西哥捲餅店。粉紅與粉綠色的店門口貼著歡迎的牌子，窗戶上則貼著充滿肉類主食的菜單。這些店家可能還不知道，相隔幾個街口的某處，有個男人投入了數百萬美元，準備要挑戰他們的傳統，而他們的後代也許將再也無法傳承這些菜餚了。細胞培養肉製造商還有許多需要解決的事。

當我自己做菜或是聞到鄰居的公寓裡飄散出這些食物的味道時，我總會一再想起這些店家。我想著他們花了好幾個小時慢慢燉煮出來的雞肉或牛肉，我完全無法抵抗這些飄進我的戰後公寓樓梯間的誘人香味。就算走下好幾樓，還是能夠聞到一絲絲香氣，使任何熱愛美食的人都不得不停下腳步。想要重新創造出那些傳統料理中使用的肉品並不容易。

細胞培養肉最大的阻礙，也許是那些還沒有嘗試過的人，那些對這種技術抱持懷疑，或者毫不知情，甚至不確定這到底能不能融入他們的生活和傳統的人。泰翠克時常提到要努力接觸並吸引自己家鄉阿拉巴馬州的民眾，而不是舊金山、洛杉磯或紐約的居民。但美國只有一個，並沒有海岸菁英和普通人之分。不論住在美國哪裡，或是世界上的任何地方，肉類的未來和所有人息息相關。到頭來，人們吃肉的方式都一樣：咀嚼它、品嚐它、吞下它、消化它。我們都會對細胞培養肉和傳統肉的差別產生一樣的疑問。

我母親的體驗讓我十分感動。儘管抱持著十分懷疑的態度走進 JUST，她仍然選擇用開放的心態去嘗試，而在她走出 JUST 時，她已經可以想像未來在自己經常去的全食超市或克羅格超市看到這種肉，並且購買一包的樣子了。

但就如派翠克所提到的，並不是每個人都有機會參觀 JUST 的總部。不是每個人都可以和他、馬克・波斯特、烏瑪・瓦萊蒂、麥克・賽爾登、舒拉米・萊文伯格面對面坐下來聊聊。究竟要如何讓人們走進當地的超市拿起一包細胞培養肉，並且絲毫不在意它是「人造的肉」？

我自己也不斷思索著，在風險這麼高的狀況下，喬許．泰翠克真的是最佳人選嗎？他不斷公開表示自己想要成為正式販售這種肉品的人，如果他成功了，JUST 會是世界上第一間證明細胞培養肉和傳統肉品有多麼相似的公司。我知道還有很多公司的技術比 JUST 更進步——我已經參觀過了。我也知道許多細胞培養肉公司的執行長和泰翠克一樣積極，只是他們不像他那麼高調。

某天下午，我拿起手機打了電話給艾拉．范．艾倫。要說細胞培養肉的未來會對誰造成非常個人的影響，那一定是威廉．范．艾倫的女兒。

艾拉並不是在她父親死後馬上接手他未完成的工作，或是立刻用她父親那種近乎狂熱的態度去扛起讓細胞培養肉走進現實世界的重責大任。她曾經把注意力放在其他事情上好一陣子。她結了婚，有了家庭，在美麗的船屋上過著美好的生活，並把事業重心放在公共衛生領域的公關工作，特別是牙科方面的。

當泰翠克最一開始想要購買她父親的專利時，他打了通電話給她，想更進一步了解范．艾倫與他的工作。

「對我來說，喬許的那通電話真的改變了很多事。」她告訴我。泰翠克讓她走上了一條完全不同的道路。

在接下來的兩年，她將大部分的時間與精力都用來宣傳細胞培養肉，希望把她父親傳承下來的夢想一步步推向終點線。這份工作變成了一種狂熱。她說這使她的人生變得更難駕馭了——她父親聽到這句話，肯定會露出理解的微笑。

自從泰翠克第一次和她接觸後，艾拉即開始了名為「替代性蛋白質秀」的座談會，希望能將有類似想法的食品科技業者聚集在一起。她花了數不清的時間，試著與荷蘭的農民對話，試圖說服他們相信，在這個即將被細胞培養肉顛覆的未來中仍會有他們的一席之地。她說她向歐盟委員會和荷蘭的基督教民主黨做過簡報，想要讓政策規劃者更清楚細胞培養肉的意義，以及為何國內應該要敞開心胸去接納。

她在做的許多事，大致上都是在交流——在不嚇壞人們的情況下把她的個人經驗和知識確實地傳遞出去。

她和泰翠克的關係也是起起伏伏，尤其是在荷蘭的機會幻滅了之後。她說自己是個直來直往的人，也承認和泰翠克討論策略時的某些對話火藥味很重。

「喬許並不總是個好親近的人，但他意志堅定、富有想像力，而且很會說故事，」她說，「這個工作需要的正是擁有想像力、有耐心和意志堅定的人。」

她說得沒錯。人們也許已經比以前還願意嘗試新型態肉品，但還是不夠多。根據某些前景預測，全球肉品產業市場到了二〇二三年，將達到一兆一千四百億美元。如果業界人士的估計是正確的，那麼替代性肉品的市場將必須達到五百七十億美元左右，才有可能在全球市場上占有一席之地。

我們正處於人類歷史上一個極為重要的時刻，並且面臨著許多重大挑戰。這個運動成功與否，很大程度上其實是在考驗說故事的能力——用不會嚇壞人們的方式，將科學、經驗、知識的精華，與你我的生活和重視的事物連結起來。或許，從某方面來說，泰翠克正是此刻最需要的人選，因為他是一位出色的說故事者。這個故事也許會在以色列展開，也許會在美國，也許會在新加坡。

兩年前，當我第一次踏進 JUST 總部時，泰翠克向我訴說了他不可思議的人生故事。我們聊了巴克是怎麼在重要的時刻鼓勵與引導他的；他是如何發現自己似乎無法定下來；以及為什麼他會在穩定下來時渴望把事情再次打亂。

「我不是要把自己跟接下來這個人比，雖然聽起來很像這麼一回事，但我最近在讀尤里西斯．S．格蘭特的傳記。」他說。

我半信半疑地看著泰翠克。他真的要拿自己和美國南北戰爭時著名的將軍比較嗎？他微笑，繼續告訴我他的故事。格蘭特三十幾歲時，在伊利諾斯州父親的皮革店裡工作，日復一日的顧店生活使他感到無聊不已，他不喜歡應付顧客，也不喜歡計算經營一間店的收益與成本。

「他那時候才三十歲，覺得迷惘不已，」泰翠克說，「然後就開戰了。」

他讓我把事情串連起來：一個不知道該拿自己怎麼辦的男人，因為時局的關係而崛起。當我第一次和泰翠克接觸時，他還希望細胞培養肉能於二〇一八年初在世界的某處上市，但他失敗了。接下來，有好幾個月的時間，他信誓旦旦地告訴我，他會讓它在年底前進入某處的市場。從那時起，他從阿姆斯特丹跳到阿拉伯聯合大公國，再前往香港和新加坡，然後迎來了二〇一九年的尾聲。仍然什麼都沒有。

但我的確相信他很接近終點了。我認為大部分這個領域的公司都很接近，甚至已經準備好了，只是礙於資金、能力與產業慣性而無法打破現狀。

泰翠克正視我們所面臨的各種挑戰，不論是動物福利還是氣候變遷。此時此刻，我們需要好的科學知識、好的說故事技巧，還有行動。

「好戲才要上場。」泰翠克說。

也許他就要崛起了。

致謝

我們生活在一個瘋狂而混亂的世界。一直以來都是如此。但在我們所處的這個時代，世界正面臨著難以理解且看似無法避免的氣候危機。

在我年輕時，上一代的人們總是告訴我，氣候變遷是大地之母自然的產物，以前有過冰河期，而冰河期終將再現——主宰命運的不是人類，而是大自然，我們只是微不足道的存在。這是個簡單明瞭、很容易被接受的論點，因為聽起來比較沒那麼可怕，儘管堆積成山的複雜科學數據與數十年來的警訊就擺在眼前。

然而，數據不斷證明人類錯了。與此同時，這個世界正在變成對後代子孫來說更加危險的地方。土壤品質正在下滑、農地因為火災與乾旱而被重塑、颶風越來越活躍、洪水氾濫威脅著沿岸城市的公共建設。據估計，到了二〇五〇年，拉丁美洲、撒哈拉沙漠與南亞，大約會產生一億四千三百萬名氣候移民——因為動盪不安而被迫離開家園的難民。

後來，這些數據終於被正視了。二〇一七年時，我的一位摯友告訴我，她和她丈夫考慮過後，覺得他們不該生孩子，因為不想讓新生命來到這個危機近在眼前的世界。後來，另一對伴侶也對我說了一樣的話。之後又有一對。於是我開始思考，在人類的歷史中，傳宗接代什麼時候變成了一個道德上的問題，只因為人們沒有好好盡到愛護地球的職責？

撰寫關於細胞培養肉的書這個念頭完全是偶然出現的，因為我優秀的編輯孫瑪莉（Merry Sun）和我聯繫，邀請我挑戰真正有意義的主題。如果沒有她的鼓勵，我根本不會考慮深入研究一個對世界有著如此美好願景的新科技。在她經手過後，這本書成了更值得一讀的作品。

感謝我的經紀人彼得．史坦伯（Peter Steinberg），幫助我想出這個故事強而有力的核心，那就是，如果想要看到世界改變，就要自己去創造。我們之中的許多人都樂意為這世界帶來正面的影響，也很願意去執行修補這個世界的職責，但想要確實地辦到這件事從來都不容易。本書只談論這個耐人尋味的議題：純素主義者在這場運動中的進展，以及他們如何與龐大的體系互動，甚至顛覆體系，試圖帶來正面的改變。在這些人當中，有一個人是這本書的主要角色。感謝喬許．泰翠克，為我開啟了一扇窗，並願意回答我許多艱深的問題。感謝艾拉．范．艾倫，為我開放她的家兩次，讓我知道更多關於她父親——這位不斷奮鬥，也許比任何人都更努力，想要讓細胞培養肉成真的鬥士——威廉．范．艾倫的故事。

感謝新美國（New America）智庫與創新平臺所有認真的員工，謝謝你們在我採訪的過程中提供的無價幫助。

十分感謝布萊德．羅維特（Brad Lovett），在我採訪與寫作的過程中一直支持我，他對這個議題的熱忱，在我最需要鼓舞的時候更是激勵了我。我也要感謝我認識最久的朋友艾琳．帕瑪（Erin Palmer）和約翰．帕瑪（John Palmer，很抱歉，「上下顛倒的豬」這個點子真的派不上用場），還有海琳娜．巴特密．艾維奇（Helena Bottemiller Evich）、尤塔．辛莫（Yotam Shwimmer）、羅伊．巴．克韓（Roei Bar Cohen），他們深思熟慮，並在閱讀第一手的書稿後給我珍貴的建議。

我們的對話讓我更加站穩腳步。

我也不會忘記在我摸索著採訪與寫作的過程中，讓我保持理智的朋友們。特別感謝法立德・喬德利（Fareed Choudhry）、安德魯・迪萬（Andrew Dewan）、還有史考特・卡莫（Scott Kramer），在下雪的夜晚提供讓我放鬆的休閒；謝謝伊旺・萊特（Eamonn Wright）和我喝著馬丁尼談天；謝謝查克・克韓（Zach Cohen）帶給我源源不絕的正能量；也感謝丹尼・佛克（Danny Volker）、史賓塞・克哈柏（Spencer Kornhaber）、胡珍妮（Jane Hu）、克里斯托博・瓦倫西亞（Cristobal Valencia）、亞曼・沙納薩利安（Armen Shahnazarian）、蘿絲・立德（Rose Reid）、艾蜜莉・萊巴（Emily Lamb）、蘿倫・查斯特・懷特（Lauren Chester White）、艾力克斯・懷特（Alex White）、班吉・瓊斯（Benji Jones）、琳賽・奧巴奇（Lindsey Albracht），還有布萊恩・米羅（Bryan Milo）。

最後也最重要的，我要感謝我的父母布魯斯（Bruce）與康妮（Connie），我的三個手足路克（Luke）、亞伯拉罕（Abraham）和莉維亞（Livia），還有我的奶奶卡洛琳（Carolyn）。

我要特別感謝我的母親，我在家自學的早期教育時期，她一直鼓勵我寫作。如果沒有她的支持，我也許永遠不會走上記者這條路，更別提寫出一本書。她是我生命中第一位充滿影響力的編輯，一個充滿思想的食物迷，也是我所知道最善解人意的人。

備注

序章

007 關鍵時刻：Kate O'Riordan, Aristea Fotopoulou, and Neil Stephens, "The First Bite: Imaginaries, Promotional Publics and the Laboratory Grown Burger," *Public Understanding of Science* 26, no. 2 (August 2, 2016): 148– 63. https://doi.org/10.1177/0963662516639001

第一章：吃吃看吧

016 發育得更好：Paul Shapiro, "Chicken Might Be the First Lab-Grown Meat to Make It to Your Grocery Store," *Vice*, January 2, 2018. http://www.vice.com/en_us/article/3k5ak3/

chicken-might-be-the-first-lab-grown-meat-to-make-it-to-your-grocery-store

018 砍伐森林："Special Report: Climate Change and Land," IPCC, 2019. www.ipcc.ch/2019/08/08/land-is-a-critical-resource_srccl/

019 牛糞：Henning Steinfeld, *Livestock's Long Shadow: Environmental Issues and Options* (Rome: Food and Agriculture Organization of the United Nations, 2006).

019 更深入的發現：P. J. Gerber, et al., *Tackling Climate Change Through Livestock: A Global Assessment of Emissions and Mitigation Opportunities* (Rome: Food and Agriculture Organization of the United Nations, 2013).

019 約占8%：Ibid.

019 碳製造溫室效應的強度：G. Yvon-Durocher, et al., "Methane Fluxes Show Consistent Temperature Dependence Across Microbial to Ecosystem Scales," *Nature* 507 (2014): 488–1. doi:10.1038/nature13164

019 一百公斤的甲烷：Fred Pearce, "Grass-Fed Beef Is Bad for the Planet and Causes Climate Change," *New Scientist*, October 3, 2017. www.newscientist.com/article/2149220-

grass-fed-beef-is-bad-for-the-planet-and-causes-climate-change/

019 牛產一磅的牛肉：Tamar Haspel, "Vegetarian or Omnivore: The Environmental Implications of Diet," *The Washington Post*, March 10, 2014. www.washingtonpost.com/lifestyle/food/vegetarian-or-omnivore-the-environmental-implications-of-diet/2014/03/10/648fdbe8-a495-11e3-a5fa-55f0c77bf39c_story.html

020 不到兩零六萬座："Farming and Farm Income," US Department of Agriculture, November 27, 2019. www.ers.usda.gov/data-products/ag-and-food-statistics-charting-the-essentials/farming-and-farm-income/

020 乳牛群縮減：Jim Dickrell, "Licensed Dairy Farm Numbers Drop to Just Over 40,000," *Milk Business: Farm Journal & MILK Magazine*, February 21, 2018. http://www.milkbusiness.com/article/licensed-dairy-farm-numbers-drop-to-just-over-40000

021 一兆條魚類：Alison Mood, "Worse Things Happen at Sea: The Welfare of Wild-Caught Fish," Fish Count, 2010. www.fishcount.org.uk/published/standard/fishcountfullrptSR.pdf

021 依賴奴隸的勞動力：Margie Mason, "Fishing Slaves No More, but Freedom Brings New Struggles," Associated Press, July 12, 2017. www.ap.org/explore/seafood-from-slaves/fishing-slaves-no-more-but-freedom-brings-new-struggles.html

026 下一個革命：Isha Datar, "Why Cellular Agriculture Is the Next Revolution in Food," *Food Tech Connect*, January 7, 2019.
https://foodtechconnect.com/2016/04/11/cellular-agriculture-is-the-next-revolution-in-food/

027 撰寫了一篇文章：Winston Churchill, "Fifty Years Hence," *Popular Mechanics*, March 1932. http://rolandanderson.se/Winston_Churchill/Fifty_Years_Hence.php

028 牛津大學一份二〇一一年的研究報告：Hanna L. Tuomisto and M. Joost Teixeira de Mattos "Environmental Impacts of Cultured Meat Production," *Environmental Science & Technology* 45/14 (2011): 6117–23. doi: 10.1021/es200130u

028 權力：Wyatt Bechtel, "Cattlemen's Groups Voice Concerns with Lab-grown Meat to USDA, FDA," *Drovers*, October 24, 2018.
www.drovers.com/article/cattlemens-groups-voice-concerns-lab-grown-meat-usda-fda

第二章：廚房教父

031 大量生產的東西（vast stuff）：William Gibson, *Neuromancer* (New York: Ace Science Fiction Books, 1984).

031 雞肉球（ChickieNob）：Margaret Atwood, *Oryx and Crake* (New York: Nan A. Talese, 2003).

038 電話響了起來：Chase Purdy, "The Idea for Lab-Grown Meat Was Born in a Prisoner of War Camp," *Quartz*, August 8, 2018. https://qz.com/1077183/the-idea-for-lab-grown-meat-was-born-in-a-prisoner-of-war-camp/

040 成功地養出金魚的肌肉組織："Morris Benjaminson, Laboratory Meat Pioneer — Obituary," *The Telegraph*, May 26, 2017. www.telegraph.co.uk/obituaries/2017/05/26/morris-benjaminson-laboratory-meat-pioneer-obituary/

041 一小篇致敬文：Ingrid Newkirk, "The Finalists," *The New York Times*, May 6, 2012. https://archive.nytimes.com/query.nytimes.com/gst/fullpage-9802E2D9103BF935A35756C0A9649D8B63.html

第三章：分子奇蹟

047 推翻了這個理論：“Life’s Limit,” *RadioLab*, WNYC Studios, June 14, 2007. www.wnycstudios.org/podcasts/radiolab/segments/91563-lifes-limit

050 主導生長：Prestage Department of Poultry Science website, North Carolina State University, Paul Mozdziak's page. https://cals.ncsu.edu/prestage-department-of-poultry-science/people/pemozdzi/

051 數以百計的蛋白質：H. Lodish, et al., *Molecular Cell Biology*, 4th ed. (New York: W. H. Freeman, 2000), Section 6.2, “Growth of Animal Cells in Culture,” Available from: www.ncbi.nlm.nih.gov/books/NBK21682/

059 全新的產業：Isha Datar, “The Future of Food Is Farming Cells, Not Cattle,” *Quartz*, October 18, 2018. https://qz.com/1383641/the-future-of-food-is-farming-cells-not-cattle/

063 不然就拉倒：Chase Purdy, “The Idea for Lab-Grown Meat Was Born in a Prisoner of War Camp.”

第五章：阿姆斯特丹大恐慌

077 食譜：Koert van Mensvoort and Hendrik-Jan Grievink, *The In Vitro Meat Cookbook* (Amsterdam: BIS Publishers, 2014).

080 素咖哩香腸：James Kanter, "Take Feta. Add Frites. Stir in European Food Rules. Fight," *The New York Times*, June 22, 2017. www.nytimes.com/2017/06/21/business/eu-food.html

第六章：不受拘束

092 告訴《衛報》：John Fecile, " 'Banned in 46 Countries' — Is Faces of Death the Most Shocking Film Ever?" *The Guardian*, October 1, 2018. www.theguardian.com/film/2018/oct/01/banned-in-46-countries-is-faces-of-death-the-most-shocking-film-ever

097 寫了一篇社論：Josh Tetrick, "You Can Save the Planet," *Richmond Times-Dispatch*, March 15, 2009. www.richmond.com/news/you-can-save-the-planet/article_c0492079-ad99-5dbf-bfa0-d9d991d5b218.html

103 桑丘與唐吉軻德：“Solina Chau,” *Forbes*. Accessed December 4, 2019. www.forbes.com/profile/solina-chau/

第七章：戰爭的藝術

111 安德魯．席莫：Andrew Zimmern, “Stop Bullying Sustainable Food Companies,” Change.org. Accessed December 4, 2019. www.change.org/p/tell-unilever-to-stop-bullying-sustainable-food-companies

112 史蒂芬妮．斯特羅姆：Stephanie Strom, “Hellmann's Maker Sues Company over Its Just Mayo Substitute Mayonnaise,” *The New York Times*, November 10, 2014. www.nytimes.com/2014/11/11/business/unilever-sues-a-start-up-over-mayonnaise-like-product.html

114 喬安．艾維：艾維婉拒做出任何回應。

116 電子郵件：Dan Charles, “How Big Egg Tried to Bring Down Little ‘Mayo’(and Failed),” *The Salt*, National Public Radio, September 3, 2015. www.npr.org/sections/thesalt/2015/09/03/437213511/how-big-egg-tried-to-bring-down-little-mayo-and-failed

第八章：迷路的小狗

118 「認真吃」美食部落格：J. Kenji López-Alt, "Which Vegan Mayo Is the Best?" *Serious Eats*, August 10, 2018. www.seriouseats.com/2014/02/vegan-mayonnaise-taste-test-produces-surprising-results.html

119 「美味上桌」：Jack Bishop, "America's Test Kitchen Finds a Vegan Mayonnaise Game-Changer," *The Splendid Table*, March 2, 2017. www.splendidtable.org/story/2017/03/02/americas-test-kitchen-finds-a-vegan-mayonnaise-game-changer

124 尖酸刻薄的評論："'Dear Josh' — JUST," Glassdoor, September 28, 2017. www.glassdoor.co.in/Reviews/Employee-Review-JUST-RVW17073899.htm

124 賈維爾・克隆：克隆目前沒有任何回應。

124 《彭博商業週刊》的一篇報導：Olivia Zaleski, Peter Waldman, and Ellen Huet, "How Hampton Creek Sold Silicon Valley on a Fake-Mayo Miracle," *Bloomberg Businessweek*, September 22, 2016. www.bloomberg.com/features/2016-hampton-creek-just-mayo/

129 E輪募資：Beth Kowitt, "Hampton Creek, Now a Unicorn, Shakes Up Management Team," *Fortune*, May 2, 2017. https://fortune.com/2017/05/01/hampton-creek-unicorn-management/

130 吉姆・弗拉特、李柴、蘇菲亞・艾莉桑多：三人目前沒有任何回應。

第九章：百家爭鳴

140 全球糧食安全指數報告："Global Food Security Index 2017," Economist Intelligence Unit, October 2017. https://foodsecurityindex.eiu.com/

140 農業產量：Associated Press, "UN: Farmers Must Produce 70% More Food by 2050 to Feed Population," *The Guardian*, November 28, 2011. www.theguardian.com/environment/2011/nov/28/un-farmers-produce-food-population

144 募得了一千七百萬美元：Paul Sawers, "Lab-Grown Food Startup Memphis Meats Raises $17 Million from DFJ, Cargill, Bill Gates, Others," *VentureBeat*, August 23, 2017. https://venturebeat.com/2017/08/23/lab-grown-meat-startup-memphis-meats-raises-17-million-

from-dfj-cargill-bill-gates-richard-branson-others/

144 接觸更多：“Future Meat Technologies Raises $14 Million in Series A Funding, Announces Pilot Production Facility,” press release, Future Meat Technologies, October 10, 2019. www.prnewswire.com/news-releases/future-meat-technologies-raises-14-million-in-series-a-funding-announces-pilot-production-facility-300936425.html

148 第一次投資食品工業：Cathy Siegner, “Merck’s Venture Capital Arm Invests $8.8M in Mosa Meat, “*Food Dive*, July 17, 2018. www.fooddive.com/news/mercks-venture-capital-arm-invests-88m-in-mosa-meat/527885/

第十章：野獸的肚腹

170 政治破壞事件：Laurie Goodstein, “N.C. Trial Conjures Up Anti-war Era, “ *The Washington Post*, February 15, 1994. www.washingtonpost.com/archive/local/1994/02/15/nc-trial-conjures-up-antiwar-era/1b93347e-56d3-4e5f-9eba-7612a0655f5a/

173 約翰・迪爾：John Dear, “Remembering the 20th Anniversary of a Plowshares

Action for Peac," *National Catholic Reporter*, December 3, 2013. www.ncronline.org/blogs/road-peace/remembering-20th-anniversary-plowshares-action-peace

178 純素守門人：Thomas Buckley, "The Vegetarians at the Gate," *Bloomberg Businessweek*, December 19, 2018. www.bloomberg.com/news/features/2018-12-19/the-vegetarians-at-the-gate

180 全球暖化：Zoë Schlanger, "The UN All but Admits We Will Probably Pass the 1.5° C Point of No Return," *Quartz*, November 26, 2019. https://qz.com/1755954/un-climate-report-says-warming-past-1-5c-is-likely/

180 聯合國的報告說道：United Nations Environment Programme, *Emissions Gap Report* 2019 (Nairobi: UNEP, 2019).

第十一章：食物大戰

187 活活壓死：John MacDougall, "By 2020, Male Chicks May Avoid Death By Grinder," *National Geographic*, June 13, 2016. www.nationalgeographic.com/culture/food/the-

plate/2016/06/by-2020--male-chicks-could-avoid-death-by-grinder/

187 曾祖父母那一輩：Jessica Almy, The Good Food Institute, April 17, 2018. http://www.gfi.org/images/uploads/2018/04/GFIetal-Comment-FSIS-2018-0016.pdf

188 國會的努力：Chase Purdy, "Trump May Get the Last Word on the Longstanding Fight over Whether Almond Milk Is Actually 'Milk,' " Quartz, March 3, 2017. https://qz.com/923234/theres-a-war-over-the-definition-of-milk-between-dairy-farmers-and-food-startups-and-donald-trump-may-settle-it/

191 世代的騙局：John Suval, "W. D. Hoard and the Crusade Against the 'Oleo Fraud,'" *Wisconsin Historical Society*, 2012.

191 霍德的偏執：Ibid.

192 二十六個州聚集起來：Richard A. Ball and J. Robert Lilly, "The Menace of Margarine: The Rise and Fall of a Social Problem," *Social Problems* 29/ 5 (June 1, 1982): 488–8. https://doi.org/10.2307/800398

192 簽署了一項法案：Gerry Strey, "The 'Oleo Wars' : Wisconsin's Fight over the

Demon Spread,” *Wisconsin Historical Society*, 2007.

196 人造奶油的威脅‥Ball and Lilly, “The Menace of Margarine,”

207 受到打擊‥Emma Newberger, “ ‘Trump Is Ruining Our Markets’ : Struggling Farmers Are Losing a Huge Customer to the Trade War — China,” CNBC, August 13, 2019. www.cnbc.com/2019/08/10/trump-is-ruining-our-markets-farmers-lose-a-huge-customer-to-trade-war----china.html

208 告訴與會的企業家們‥Susan Mayne, “FDA’s Role in Supporting Innovation in Food Technology,” U.S. Food and Drug Administration, March 22, 2018. http://www.fda.gov/about-fda/what-we-do-cfsan/fdas-role-supporting-innovation-food-technology

210 請願書‥Chase Purdy, “US Food Regulators Are Fighting over Who Gets to Oversee Cell-Cultured Meat,” *Quartz*, July 13, 2018. https://qz.com/1327919/us-food-regulators-are-fighting-over-who-gets-to-oversee-cell-cultured-meat/

211 直接要求總統‥Chase Purdy, “Donald Trump May Decide the Regulatory Future of Cell-Cultured Meats,” *Quartz*, August 1, 2018. https://qz.com/1340868/the-us-meat-industry-is-

asking-donald-trump-to-decide-how-cell-cultured-meat-is-regulated/

第十二章：海外發展

219 氣候中心："Report: Flooded Future: Global Vulnerability to Sea Level Rise Worse than Previously Understood," Climate Central, October 29, 2019. http://www.climatecentral.org/news/report-flooded-future-global-vulnerability-to-sea-level-rise-worse-than-previously-understood

220 世界經濟論壇：Xi Hu, Environmental Change Institute, and University of Oxford, "Where Will Climate Change Impact China Most?" World Economic Forum, April 5, 2016. www.weforum.org/agenda/2016/04/where-will-climate-change-impact-china-most/

220 研發細胞療法：Catherine Lamb, "Singapore to Invest $535 Million in R&D, Including Cultured Meat and Robots," *The Spoon*, March 29, 2019. https://thespoon.tech/singapore-to-invest-535-million-in-rd-including-cultured-meat-and-robots/

第十三章：密不可分的連結

228 麥可・波倫：Michael Pollan, "An Animal's Place," *The New York Times*, November 10, 2002. www.nytimes.com/2002/11/10/magazine/an-animal-s-place.html

233 彼得・布拉貝克萊特馬斯：Chase Purdy, " 'Nature Is Not Good to Human Beings' : A Food Industry Titan Makes the Case for a New Kind of Diet," *Quartz*, December 27, 2016. https://qz.com/856541/the-worlds-biggest-food-company-makes-the-case-for-its-avant-garde-human-diet/

237 糧食產量：*The State of Agricultural Commodity Markets 2018: Agricultural Trade, Climate Change and Food Security* (Rome: Food and Agriculture Organization of the United Nations, 2018).

237 未來的風險："Agriculture and Climate Change Adaptation," California Department of Food and Agriculture, 2019. www.climatechange.ca.gov/adaptation/agriculture.html

第十四章：準備上菜

273 全球肉品產業市場：“Global Meat Sector Market Analysis & Forecast Report, 2019 — $1.14 Trillion Industry Opportunity by 2023,” Globe Newswire News Room, Research & Markets, May 2, 2019. www.globenewswire.com/news-release/2019/05/02/1815144/0/en/Global-Meat-Sector-Market-Analysis-Forecast-Report-2019-A-1-14-Trillion-Industry-Opportunity-by-2023.html

高寶書版集團
gobooks.com.tw

RI 345

億萬商機人造肉
從培養皿到餐桌，席捲全球的未來飲食新革命！
Billion Dollar Burger: Inside Big Tech's Race For The Future Of Food

作　　者　蔡斯・帕迪（Chase Purdy）
譯　　者　曾倚華
責任編輯　林子鈺
封面設計　林政嘉
內頁排版　賴姵均
企　　劃　何嘉雯

發 行 人　朱凱蕾
出　　版　英屬維京群島商高寶國際有限公司台灣分公司
　　　　　Global Group Holdings, Ltd.
地　　址　台北市內湖區洲子街 88 號 3 樓
網　　址　gobooks.com.tw
電　　話　（02）27992788
電　　郵　readers@gobooks.com.tw（讀者服務部）
　　　　　pr@gobooks.com.tw（公關諮詢部）
傳　　真　出版部（02）27990909　行銷部（02）27993088
郵政劃撥　19394552
戶　　名　英屬維京群島商高寶國際有限公司台灣分公司
發　　行　英屬維京群島商高寶國際有限公司台灣分公司
初版日期　2021 年 2 月

國家圖書館出版品預行編目（CIP）資料

億萬商機人造肉：從培養皿到餐桌，席捲全球的未來飲食新革命！/ 蔡斯・帕迪（Chase Purdy）；曾倚華譯. -- 初版. -- 臺北市：英屬維京群島商高寶國際有限公司臺灣分公司，2021.02
　面；　公分.--（致富館；RI 345）

譯自：Billion Dollar Burger: Inside Big Tech's Race For The Future Of Food

ISBN 978-986-361-983-3（平裝）

1. 肉類食物　2. 食品科學

427.2　　　　109021371